30
分钟
图解葡萄酒

菲斯乐加 著
FEASTER+

民主与建设出版社

·北京·

© 民主与建设出版社，2018

图书在版编目（CIP）数据

30 分钟图解葡萄酒 / 菲斯乐加著 . — 北京：民主
与建设出版社，2017.12
ISBN 978-7-5139-1841-1

Ⅰ.① 3… Ⅱ.①菲… Ⅲ.①葡萄酒—普及读物
Ⅳ.① TS262.6-49

中国版本图书馆 CIP 数据核字 (2017) 第 295540 号

30 分钟图解葡萄酒
SANSHI FENZHONG TUJIE PUTAOJIU

出 版 人　许久文
著　　者　菲斯乐加
责任编辑　韩增标
特约编辑　吕　征　蒋科兰
封面设计　王书艳
出版发行　民主与建设出版社有限责任公司
电　　话　（010）59417747　59419778
社　　址　北京市海淀区西三环中路 10 号望海楼 E 座 7 层
邮　　编　100142
印　　刷　北京美图印务有限公司
版　　次　2018 年 5 月第 1 版
印　　次　2018 年 5 月第 1 次印刷
开　　本　880mm×1230mm　1/32
印　　张　4.5
字　　数　88 千字
书　　号　ISBN 978-7-5139-1841-1
定　　价　42.00 元

注：如有印、装质量问题，请与出版社联系。

序 一

在西方文明的历史进程中，葡萄酒扮演着非常复杂的角色，它关系着宗教、自然、社会、战争和政治。进入现代社会以来，葡萄酒产业已遍布全球，葡萄酒的消费也不再局限于欧美。世界各地的人们，渐渐被这种神奇的液体所征服。大约 10 年前，在大部分中国人的认知中，葡萄酒还是舶来品，是属于中产阶级乃至高端人士的消费品。近年来，我国开始发展国产品牌的葡萄酒，目前已经拥有新疆、甘肃、宁夏、山西、北京、河北、山东、吉林、辽宁、云南等各大产区，几乎覆盖了国内适合种植葡萄的所有区域。随着葡萄酒在各阶层人群中的普及，消费者消费理念的理性化，年轻一代饮酒文化的改变，中国的葡萄酒行业快速发展，并成为全球葡萄酒行业增长的主要推动力。

在这样一个大环境下，我的学生周美幸与其团队菲斯乐加推出《30 分钟图解葡萄酒》这本书，为读者全面梳理了关于葡萄酒的知识体系。本书用漫画的形式来讲解葡萄酒知识，想必更能吸引年轻的读者，而这也是她和她的团队写作本书的主要目的之一——让更多年轻人了解葡萄酒，爱上葡萄酒。

葡萄酒的魅力不只在于酒本身带给人的感官体验，更在于其深厚而悠久的历史文化与风土文化。品一口葡萄酒，你可能会品到它的香气、甜度、余味，你也可能品到生产它的国度、土壤，

上帝造水，而人类造酒。

——雨果

也许你还能品到千年前欧洲贵族们奢靡的生活。这也是葡萄酒区别于其他酒类的独特所在。

以前国内外也不乏类似题材的书籍，然而这些书籍或限于作者所在国的文化背景，或连篇累牍不胜烦琐。菲斯乐加有着多年在中国从事葡萄酒文化传播的经验，他们能站在中国葡萄酒爱好者的角度，用更适合大众的方式讲述葡萄酒知识，因此，本书将会更适合中国读者阅读。

上帝造水，而人类造酒。葡萄酒是人类创造的流动盛宴，人类也应该更加了解和喜爱自己这项伟大的创造。希望本书能在推广葡萄酒这项事业上有一点添砖加瓦的作用，也是功莫大焉。

西北农林科技大学葡萄酒学院终身名誉院长

序 二

随着人们生活水平的不断提高和生活方式的改变，葡萄酒逐渐成为人们生活、社交、娱乐、兴趣爱好中不可缺少的一部分。菲斯乐加精品葡萄酒教育机构创办至今，接待学员及咨询客户数以万计。我们发现，虽然越来越多的大众消费者开始关心葡萄酒，但因为缺乏对葡萄酒知识的鉴别能力，被灌输了很多陈旧、错误的观念。世界葡萄酒更新迭代，中国葡萄酒市场也日新月异。因而，我们一方面不断更新自己的葡萄酒知识，一方面希望以最轻松、最容易理解的方式，来传播最准确的葡萄酒知识。

本书从文字的撰写到插图的绘制都凝聚了整个团队的心血，我们希望以更生动的表达、更简洁的概括，让人们感受到葡萄酒并不遥远，就在你我身边。根据多年的葡萄酒教育实践，我们总结了大众消费者

**我们的希望：在你了解、爱上并享受
葡萄酒的每一刻，都有菲斯乐加相伴。**

对葡萄酒的主要疑惑。如，不同类型葡萄酒的区别是什么？如何更好地享用葡萄酒？如何购买葡萄酒？餐厅点酒有什么技巧？餐酒如何搭配？等等。这不单单是一本葡萄酒达人课程用书，更是一本从消费者视角出发，更加实用、更加贴近生活的葡萄酒实用技能手册。有了它，你将会发现选酒、喝酒从此变得轻松自如。

什么是葡萄酒

什么决定了葡萄酒的不同风格

葡萄酒的前世与今生

附录

什么是葡萄酒

每当我们举起酒杯，品鉴一杯葡萄酒时，你可曾想过，如此美妙的佳酿从何而来？究竟是什么样的神奇力量让一颗颗小葡萄变成了我们杯中摇曳的琼浆？被称作"所有酒精类饮料中最天然的饮品之一"的到底是什么呢？如果你也有过这样的疑惑，那么，下面两个国际权威组织对于葡萄酒的定义，也许能解开你心中的疑团：

葡萄酒只能是由无论破碎与否的新鲜葡萄或葡萄汁，经过部分或完全的酒精发酵得到的饮料，且其实际酒精度不得低于 8.5 度。

——国际葡萄与葡萄酒组织

International Organisation of Vine and Wine

葡萄酒就是一种由新鲜采摘的葡萄的汁液发酵而成的饮料。

——英国葡萄酒与烈酒教育基金会
Wine & Spirit Education Trust

不管上面哪一种定义，都提到了"发酵"这个词：发酵是由酵母菌引发的一种自然过程。作为微生物的酵母菌以糖分为食，将葡萄汁中的糖分转化为酒精和二氧化碳，从而也就得到了葡萄酒。如果用一个简单的公式来描述葡萄酒的话，那就是：

tips

国际葡萄与葡萄酒组织：简称 OIV，法文名称 Organisation Internationale de la Vigne et du vin。1924 年创建于法国巴黎，原名国际葡萄·葡萄酒局，是国际葡萄酒业的权威机构，在业内被称为"国际标准提供商"，是 ISO 确认并公布的国际组织之一。目前拥有法国、意大利等 49 个成员国，涵盖了 95% 的葡萄酒产区国，我国不是其成员。

葡萄酒及烈酒教育基金会：简称 WSET，全称为 Wine & Sprite Education Trust。1969 年创建于英国。它是葡萄酒及烈酒教育领域首屈一指的国际组织，拥有授予一系列炙手可热的葡萄酒教育认证资格的权利。

什么决定了
葡萄酒的不同风格

我们平常喝到的葡萄酒有着各种各样不同的颜色，口味也是千奇百怪。这是因为，每一款葡萄酒都有着不同的风格。

从葡萄种下那一刻起，生长、结果、酿造，直至装瓶销售，每一个步骤细微的变化都会影响一款葡萄酒最终的风格。但这一切的源头都在于葡萄，对一款葡萄酒的风格起决定性作用的，正是葡萄。因此，不同葡萄品种酿制出的葡萄酒，就会有不同的风格。

"

尽管在这个世界上有着数以千计的葡萄品种，但适合酿酒的品种并不算多。更何况大多数品种只限于当地生长。只有少数品种因为能在不同气候下表现出色，所以它们的种植范围广泛，下面我们就来看看这些著名的"国际品种"。

"

葡萄品种

白葡萄

霞多丽 *Chardonnay*

霞多丽原产于法国的勃艮第地区，是世界上最受欢迎的白葡萄品种之一。无论是在寒凉的产区，还是在炎热的产区，霞多丽都可以酿造出优质的葡萄酒。在凉爽的地区，如法国的香槟（Champagne）和夏布利（Chablis），霞多丽有着优质的高酸度和绿色水果（苹果）及柑橘类水果的香气；在温和的地区，如法国的勃艮第（Bourgogne），霞多丽会展现出核果（桃子）和柑橘的特征；而在澳洲这样的炎热地区，则带有香蕉、菠萝、杧果这样的热带水果香气。

霞多丽可以说是葡萄酒世界的优秀员工，不仅勤劳肯干（高产）、出勤率高（抗病性强），而且服从指挥。根据酿酒师的意愿，通过不同的酿酒技术，霞多丽能展现出更多丰富的风味，比如苹果酸乳酸发酵（Malolactic fermentation）带来的乳制品风味，或者橡木桶熟化带来的香草、烘烤味道等。

知名产区

法国勃艮第（Bourgogne）、香槟区（Champagne），美国加州（California），澳大利亚阿德莱德山区（Adelaide Hills）等。

长相思 *Sauvignon Blanc*

人们对于长相思的情感非常复杂，因为这种原产于法国波尔多的葡萄品种有着非常鲜明的特点。长相思带有强烈香气，如绿色水果（青柠、醋栗）和植物（青草、接骨木花）的味道，而这样刺激的香气会让许多"铲屎官"想起自家"主子"的猫砂（新西兰长相思尤为明显）。为了保持这种植物的香气，长相思一般被种植在凉爽的环境下，如法国的卢瓦尔河谷。

在偏热的环境下长相思也能生长，多了西番莲这样的果香，但清爽的植物香气和浓郁度则会减弱，因此有的酒庄会通过橡木桶进行处理，比

如加州非常有名的白芙美（Fumé Blanc）葡萄

酒。同时，长相思还有着非常爽口的天然高酸度，

因此也适合在法国的苏玳（Sauternes）和巴萨克

（Barsac）等产区酿造优质的甜酒。

知名产区

　　法国卢瓦尔河谷（Loire Valley）的桑塞

尔（Sancerre）和普伊芙美（Pouilly Fumé），

法国波尔多（Bordeaux），新西兰马尔堡

（Marlborough）等。

雷司令 *Riesling*

作为同样高酸度的芳香葡萄品种，雷司令的
境遇和长相思相比可谓大不相同。由于其浓郁的
花果香，这种原产于德国莱茵高（Rheingau）的
白葡萄品种，受到很多人的青睐，成为最流行的
白葡萄品种之一。随着生长环境的不同，雷司令
的香气会产生很多变化：在凉爽的气候下，雷司
令新鲜的绿色果香（葡萄、苹果）及花香非常诱
人；而在温暖的地区，则会有更多柑橘和核果
（桃子）的香味。雷司令葡萄酒风格多样，从静止
到气泡，从干型到甜型，一应俱全。很多人根据
雷司令耐寒和易受贵腐菌感染的特性，来酿造像

冰酒、贵腐葡萄酒这样的甜葡萄酒。

　　高酸度及浓郁的香气，使得雷司令具有很好的陈年潜力。在瓶中经过多年熟化的雷司令葡萄酒，往往会出现汽油、杏干和蜂蜜的香气，更加复杂诱人。

知名产区

　　法国阿尔萨斯（Alsace），德国莱茵高（Rheingau）、摩泽尔（Mosel）、莱茵黑森（Rheinhessen），澳大利亚伊顿谷（Eden Valley）等。

红葡萄

黑皮诺 *Pinot Noir*

黑皮诺是个优雅而高贵的葡萄品种，这一点从它的身世便能窥得一二。相传在 14 世纪，勃艮第大公菲利普二世独爱黑皮诺的优雅，下令拔除其他红葡萄品种而独宠黑皮诺。因此，勃艮第也成为了优质黑皮诺的代名词。但是，黑皮诺也是一个非常难伺候的葡萄品种：喜欢凉爽气候，皮薄，抗病性弱。

黑皮诺葡萄酒普遍颜色较浅，酒体较轻，而且酸度高，通常会带有红色水果（樱桃、草莓、覆盆子）的香气。然而，黑皮诺也可以酿造出世界上最好的红葡萄酒，比如大家熟知的罗曼尼·康帝。

来自勃艮第的黑皮诺酿造的葡萄酒厚重浓郁，有很好的陈年潜力，日久会发出蘑菇及其他动植物的气息。黑皮诺还是香槟产区的重要品种之一，在许多新世界国家，它也被用来酿造起泡葡萄酒。

知名产区

法国勃艮第、香槟产区，美国俄勒冈州（Oregon），澳大利亚雅拉谷（Yarra Valley），新西兰马尔堡（Marlborough）等。

美乐 Merlot

作为波尔多最重要的两个葡萄品种之一，美乐在国际上名声显赫。让美乐享誉世界的原因之一，就是美乐葡萄酒口感柔和易饮，非常适合葡萄酒初学者饮用。

美乐葡萄酒一般有两种风格，一种是在温暖或者偏凉爽的地区酿造的优雅风格。这样的葡萄酒通常带有红色水果以及薄荷、雪松这样的植物气息。有些酒庄还会把美乐和赤霞珠混酿，得到知名的波尔多混酿风格（Bordeaux Blend）。而在炎热的气候下，美乐的成熟度非常高，所酿葡萄酒具有国际流行的风格，会带有明显的黑色水果（黑樱桃、黑莓）和巧克力、水果蛋糕的味道。

　　优质美乐葡萄酒经过橡木桶的处理，会产生更多复杂的风味（香草、咖啡）。

知名产区
　　法国波尔多圣埃米利永（Saint-Emilion），澳大利亚南澳产区（South Australia），智利中央山谷（Valle Central），美国加州等。

西拉 / 设拉子 *Syrah / Shiraz*

西拉在法国被称为 Syrah，而在澳大利亚，由于出众的表现，当地人为它取了一个新的名字：设拉子（Shiraz）。西拉被认为是世界上最古老的葡萄品种之一，虽然今天我们依然无法确定它从何而来，但据史料记载，西拉很早便出现在了法国的罗纳河谷地区（Rhone Valley）。

别看这个品种长相娇小柔弱，所酿的酒却浓郁厚重。由于品种本身皮厚色深，因此所酿葡萄酒也有着很深的颜色和厚重的单宁，带有典型的黑色水果风味。

西拉喜欢偏温暖的环境，在凉爽情况下不易成熟。在罗纳河谷这样温和的环境下，葡萄酒会有草本（薄荷）和黑胡椒的气息。而在澳大利亚这种炎热的环境下，西拉葡萄酒果味更加浓郁的同时，也会出现一些甜香料（丁香、甘草）的味道。

很多西拉葡萄酒都会经过橡木桶处理，柔化单宁，同时增加风味。西拉有着很好的陈年潜力，成熟后会出现动植物的气息。

知名产区

法国罗纳河谷（Rhône Valley），澳大利亚巴罗萨谷（Barossa Valley）等。

赤霞珠 *Cabernet Sauvignon*

赤霞珠应该说是这个世界上最负盛名的葡萄品种了，许多人最开始接触的葡萄酒，就是酿自赤霞珠。这个原产于法国的品种，与美乐一道，成为波尔多的骄傲。

赤霞珠葡萄酒通常具有较深的颜色、充足的单宁及酸度、饱满的酒体和浓郁的黑色水果（黑樱桃、黑醋栗）风味，是绝对的"重口味"！赤霞珠喜欢充足的热量，因此在寒冷的区域或年份，都不能很好地成熟。在波尔多这种暖和的气候下，赤霞珠葡萄酒通常会带有些植物性香气（青椒、薄荷），而在炎热的产区，水果的香气则会更加浓郁。

赤霞珠由于其厚重的单宁，通常需要用橡市桶进行处理。又因其优异的酸度和香气，有着很好的陈年能力。许多波尔多的名庄酒，如拉菲古堡等，都以赤霞珠葡萄酒为主，并有着数十年甚至更久的陈年潜力。

知名产区

　　法国波尔多，美国纳帕谷（Napa Valley），澳大利亚库纳瓦拉（Coonawarra），智利等。

葡萄的变身之旅

除了葡萄品种的不同会影响葡萄酒风格，许多人为因素也会改变葡萄酒的风格。而在这些人为因素中，最常见也是最重要的就是葡萄酒的酿造了。

葡 萄

任何葡萄酒的酿造，都是从一颗小小的葡萄开始的。和我们平时吃的鲜食葡萄相比，酿酒葡萄小得可怜。这么小的果实是怎么酿出酒来的呢？这就要从葡萄的构造说起了：

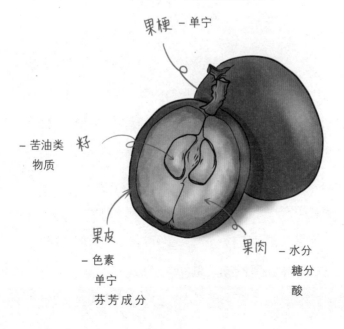

果梗 - 单宁

- 苦油类 **籽**
物质

果皮
- 色素
单宁
芬芳成分

果肉 - 水分
糖分
酸

酿酒葡萄与我们平时常见的鲜食葡萄是两种不同的类型。相对于鲜食葡萄，酿酒葡萄通常果实颗粒更小，含糖量更高。由于酿酒葡萄的果皮通常较厚，果籽较多，并不适宜食用。在酿酒时，我们主要用到是果肉和果皮。

果皮

　　果皮中含有色素和单宁物质。在酿酒时，这些成分会通过浸泡的方式被提取出来。同样的葡萄品种，浸泡时间的长短决定了葡萄酒颜色的深浅和单宁的薄厚。当然，为了萃取更多的单宁和颜色，我们经常还会使用压榨的方法，进一步挤压葡萄皮。

　　果皮中另一个非常重要的组成部分是各种芳芳物质，如花香、果香等香气成分。不同品种的葡萄味道风格都不相同，由此形成了各种各样的葡萄酒风格。

果肉

葡萄中最大的单一成分是水，其次是酸和糖。通常来说，1千克—1.5千克的葡萄可以酿造一瓶750毫升的葡萄酒。不过由于不同品种的葡萄出汁率不同，加上不同产区、不同风格的葡萄酒酿造工艺的差别，也会有很多极端的情况出现，比如贵腐酒和冰酒在酿造时，就需要比平时更大量的葡萄。

果梗

通常在酿造开始前，果梗便通过人工或机器去除了，但有些酿酒师为了寻求更厚重的单宁，也会选择保留少部分的果梗。

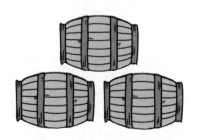

酿酒过程会给葡萄酒带来什么不同

我们之前用一个简单的公式描述过葡萄酒的酿造（见本书第13页）。

其实从这个公式中，我们已经可以大致窥见葡萄酒酿造的奥秘了。但实际上，葡萄酒的酿造远比这个公式复杂得多。下面，就让我们通过几张图片，来看一看葡萄酒到底是如何酿造出来的！

白葡萄酒的酿造过程：

破碎（Crushing）：使果皮裂开，让果皮中的芬芳物质充分释放。

压榨（Pressing）：以便葡萄汁与葡萄皮分离。

发酵（Fermentation）：葡萄汁被移入发酵容器，加入酵母，并在较低的温度下（12℃—22℃）进行发酵，这一过程一般会持续2至4周。

熟化（Maturation）：新酿造的葡萄酒，口感过于强劲，所以需要经过一段时间的存放使酒变得柔和，更易于被人接受。这个过程会根据葡萄的品种和酿酒者的意愿，在不同的容器中进行，有可能是橡木桶，也有可能是密闭的不锈钢容器。

装瓶（Bottling）：经过熟化的葡萄酒会经过澄清、过滤等步骤，最终装瓶以待上市销售。

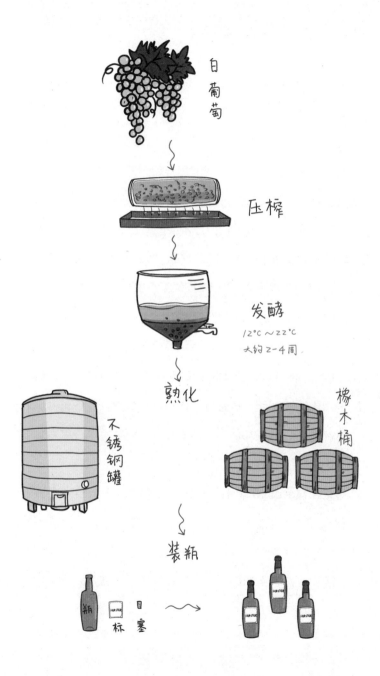

白葡萄

压榨

发酵
12°C～22°C
大约2-4周

熟化

不锈钢罐

橡木桶

装瓶

瓶　标　塞

红葡萄酒的酿造过程：

破碎（Crushing）：使果皮裂开，充分释放果皮中的芬芳物质。

浸皮（Skin Contact）：浸皮对于红葡萄酒的酿造至关重要。经过破碎的葡萄皮与葡萄汁浸泡在一起，皮里的单宁、色素和芬芳物质会析出，并被葡萄汁吸收，这就是浸皮。

发酵（Fermentation）：在浸皮的同时，发酵也在悄然进行着。红葡萄酒的发酵温度较高，在 20℃—32℃之间，这一过程一般会持续 2 周。但对于像博若莱新酒这样清淡的葡萄酒来说，发酵的时间非常短暂，仅需 5 天左右。

压榨：发酵完成的葡萄酒通常会被单独收集，我们称之为自流酒（Free-run Wine）。此时的葡萄皮中，还存在不少葡萄酒液，我们采用压榨的工艺将其分离，通过这个程序得到的酒液，我们称为压榨酒（Press Wine）。压榨酒通常颜色更深，含有更多的单宁及更浓郁的芬芳物质。

熟化（Maturation）：红葡萄酒通常会在橡木桶中进行熟化，以增加更多的风味。当然，为降低成本，有些酿酒商也会使用加入橡木条或橡木块的不锈钢容器来进行这一步骤。

装瓶：经过熟化的葡萄酒会经过澄清、过滤等步骤，最终装瓶以待上市销售。

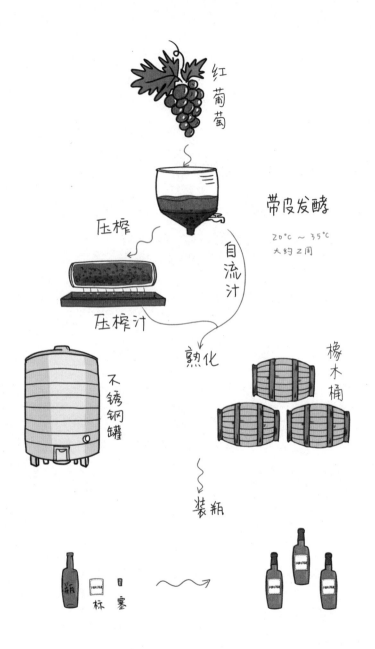

红葡萄

带皮发酵

20℃ ～ 35℃
大约 Z 间

压榨

自流汁

压榨汁

熟化

橡木桶

不锈钢罐

装瓶

瓶 杯 塞

tips

桃红葡萄酒的酿造

　　桃红葡萄酒的酿造与红葡萄酒的酿造的主要区别，在于浸皮的时间与发酵的温度。对于桃红葡萄酒来说，为了得到漂亮的粉红色，浸皮时间通常会缩短到12-36个小时，因此，桃红葡萄酒中单宁的含量更低一些。其次，桃红葡萄酒属于低温发酵，发酵温度和白葡萄酒相同（12℃-22℃）。

　　在某些产区，也有通过勾兑红葡萄酒和白葡萄酒而得到桃红葡萄酒的，但这种做法非常少见。

橡木桶熟化过的酒就一定好吗？

我们都知道，橡木桶处理会给葡萄酒增加不同的风味，例如烟熏、烘烤、香草等味道，同时也会令葡萄酒更加顺滑圆润，因此被人当作是提升葡萄酒品质的不二法门。很多人在选购葡萄酒的时候，也会特意寻找经过橡木桶处理的酒款，或者听到导购提及橡木桶便毫不犹豫地下单购买。但是，经过橡木桶处理的葡萄酒真的更好吗？

其实，并不是所有的葡萄酒都适合经过橡木桶的处理。有些葡萄品种酿出的酒本身带有清新淡雅的香气，在经过橡木桶的处理后，原本的香气反而被遮盖，充满了恼人的木头味，效果反倒不好。而像赤霞珠、西拉这类香气浓郁、口感厚重的葡萄品种，在橡木桶的加成下，非但味道不会被掩盖，恰到好处的橡木香还能够增加酒的复杂度，从而起到"1+1>2"的作用。

关于橡木桶的问题，其实非常复杂，牵扯到许多更专业层面的问题，比如橡木桶的大小、新旧、品种、更换频率等等。每一个小细节都可能影响到一款酒的品质，不能一概而论。简单地说，可以这么概括：香气复杂、结构扎实、具有很好陈年潜力的葡萄酒，才适合橡木桶的熟化。

　　适合橡木桶熟化的葡萄品种有：赤霞珠，美乐，西拉（设拉子），黑皮诺，霞多丽等；不适合橡木桶熟化的葡萄品种有：长相思，雷司令，麝香葡萄，琼瑶浆等。

气候对于葡萄的影响

葡萄植株和我们人类一样，它的生长和成熟也需要适宜的气候环境。一般来说，如果生长季节的气温低于10℃，葡萄植株就会进入休眠状态；如果生长季节的气温高于22℃，葡萄植株的细胞活动就会变缓慢。因此，并不是所有地方都适合种植葡萄。

凉爽气候 vs 炎热气候

尽管同处于葡萄生长的黄金地带，但是不同产区、国家的气候条件还是有很大区别的。通常情况下，我们将其分为三类不同的气候类型：凉爽气候、温和气候和炎热气候。在不同的气候条件下，由于温度和降水有很大差异，所酿造的葡萄酒也会有着很大的不同。

凉爽气候下，果实成熟度低、酸度高、酒精度低，清爽风格。如：法国北部、德国。

温和气候下，葡萄酒的风格介于凉爽和炎热气候之间。如：法国波尔多、勃艮第。

炎热气候下，果实成熟度高、酸度低、酒精度高，饱满风格。如：澳大利亚、西班牙中部。

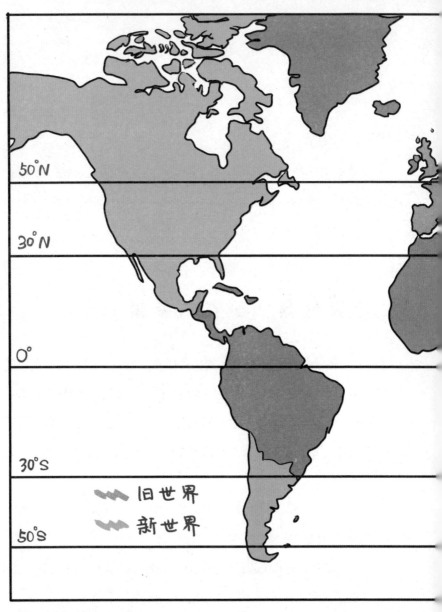

50°N

30°N

0°

30°S

〰 旧世界

〰 新世界

50°S

■ 旧世界葡萄酒产区

■ 新世界葡萄酒产区

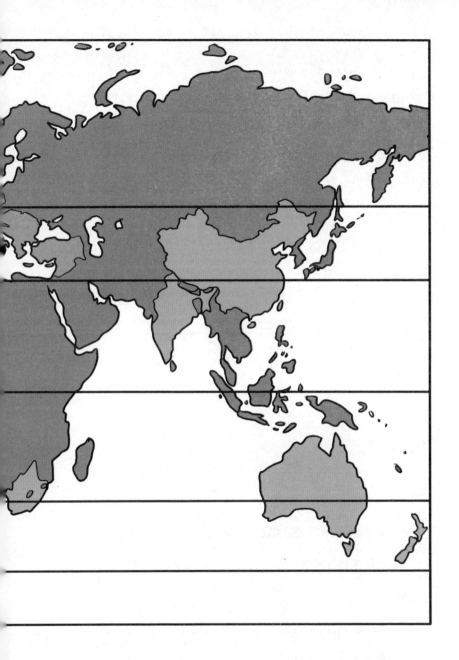

从上面的地图我们可以看到，世界上绝大多数的葡萄酒产区都集中在南、北纬 30°—50° 的温带区域内，这片区域也被誉为"葡萄酒的黄金产地"。不过，在地图上，我们也可以观察到一些产区并不在上述"黄金产地"的范围内，比如智利、南非、澳大利亚的部分地区。这是由于除了纬度以外，海拔和洋流也可能影响到气候，从而造就优质的葡萄产区。

海拔对气候的影响：随着海拔升高，气温会有明显下降。而且在高海拔地区，由于空气相对稀薄，大气透明度好，日照条件往往更加有利。

洋流对气候的影响：洋流会明显改变陆地的温度和降水情况。暖流流经的区域会带来明显的增温加湿作用，比如法国波尔多产区；寒流流经的区域，会有明显的降温减湿作用。

"

世界上一些产区由于天气变化，不同年份酒的质量可能会有很大差异，产生所谓"大小年"的说法。因此，如何挑选优异年份的葡萄酒，就成为葡萄酒爱好者的一大课题：

波尔多优异年份：1982、1986、1990、1995、2000、2003、2005、2009、2010

勃艮第白优异年份：1995、1996、2002、2010、2012

勃艮第红优异年份：2005、2009、2010

"

主要葡萄酒生产国

    不同的植物对土壤有不同的要求，一种植物或许可以在很多不同的条件下存活，但是，只有在适合的土壤中生长，它们才能展现出最漂亮的风貌，获得最好的风味。葡萄植株亦是如此。

    很多瓜果需要肥沃潮湿的土壤来获取充足的水分与营养，酿酒葡萄植株不同，它生长在贫瘠干旱的土壤中，通过将根系伸向土壤深处来寻求水分和养分。这样的土壤条件会让葡萄果实的产量很低，但风味浓郁。当然，土壤的贫瘠也是有限度的，如果土壤太干旱，植物将"抱团"以作抵抗，这种情况下的果实不会有太多风味。

    所以，并不是所有国家都有适合种植酿酒葡萄的土壤。就酿酒葡萄种植面积而言，目前种植面积最大的国家依然是西班牙，我国的种植面积也在不久前超越法国，跃居世界第二。就葡萄酒产量而言，目前北半球的"葡萄酒大国"有意大利、法国、西班牙、美国，南半球的则有阿根廷、智利、澳大利亚。

    接下来，我们就分别看看世界上主要葡萄酒生产国的概况：

意大利：

意大利是目前葡萄酒产量最大的国家，拥有世界上最古老的葡萄酒生产技艺，古希腊人把意大利叫作"Oenotria"（葡萄酒之乡）。据说古代的罗马士兵上战场时，不仅带着武器，还会带着葡萄苗，领土扩大到哪儿，就在哪儿种下葡萄，这也是意大利向欧洲各国传播葡萄苗和葡萄酒酿造技术的开端。

法国：

法国的葡萄酒产量位居世界第二，是名副其实的全球优质葡萄酒生产中心，饮用葡萄酒的历史可追溯至公元前 6 世纪。

法国葡萄酒文化有两个核心概念，第一个是 AOC/AOP 体系（Appellation d'origine controlee/protegee），是葡萄酒质量控制的先驱。第二个则是"风土"（Terroir），指的是葡萄需要种植在特定的位置上，葡萄酒要能反映种植区域的特色。

德国：

德国是葡萄酒生产大国，葡萄酒庄园主要集中在莱茵河流域，一些古老的葡萄酒甚至可以追溯到古罗马时代。德国三分之二的葡萄酒都是白葡萄酒，这里有世界上最好的雷司令。

西班牙：

西班牙是葡萄种植面积最大的国家。其葡萄种植的历史大约可以追溯到公元前 4000 年。在公元前 1100 年，腓尼基人开始规模化种植葡萄并酿酒。1868 年，法国葡萄园遭受根瘤蚜虫病害，很多法国酿酒师来到西班牙延续自己的事业，并带来了他们的技术与经验，从此，西班牙的葡萄酒产业进入腾飞期。

美国：

美国葡萄酒已经拥有超过 300 年的历史了，近九成的葡萄酒都是来自于加州。19 世纪中期，加州的淘金热让新兴的酿酒业在北加州的纳帕谷（Napa Valley）扎下根来，但随后由于病虫害以及"禁酒运动"，加州葡萄酒酿造业陷入低谷。1976 年的"巴黎盲品会"上，来自加州本土的赤霞珠声名大噪，把美国葡萄酒推向了世界葡萄酒舞台，美国葡萄酒产业开始复兴。

阿根廷：

阿根廷的美酒美食与西班牙有一定的渊源。1557 年，西班牙的殖民者把葡萄藤带到了阿根廷北部的圣地亚哥—埃斯特罗（Santiago del Estero），然后葡萄种植开始向四周延伸。到今天，阿根廷已然成为世界第五大葡萄酒生产国。

智利：

智利的葡萄栽培历史同样要追溯到 16 世纪的西班牙殖民者带过去的葡萄藤。19 世纪中期，智利开始种植来自法国的赤霞珠、美乐、佳美娜、品丽珠，20 世纪 80 年代开始对外出口。

澳大利亚：

　　虽然澳大利亚是一个比较年轻的国家，但是葡萄酒的历史却超过两个世纪，葡萄酒产业也是澳大利亚现在重要的经济与文化产业。他们严格遵循传统的酿酒方式的同时，采用先进的酿造工艺和现代化的酿酒设备，加上澳大利亚稳定的气候条件，因此每年出产的葡萄酒品质都相对稳定。澳大利亚打造以果味为主、易饮的葡萄酒风格，给人留下性价比高的印象。

新西兰：

　　今天的新西兰葡萄酒产业已然取得了非凡的声誉，虽然它的发展也只在近几十年。1970 年，位于马尔堡的蒙太拿（Montana in Marlborough）开始生产带有酒标的葡萄酒，1977 年第一次推出长相思就引起了世人的关注。现在，不少酒评家都认为，新西兰有世界上最好的长相思。

中国：

　　中国葡萄酒酿造有着悠久的历史，最早可追溯到公元前7000 年，是最早用野生葡萄发酵成酒精饮料的国家。随着经济的高速发展，中国已经成为全球前十的葡萄酒市场。

葡萄酒的前世与今生

葡萄酒的诞生

  从诞生的那一刻起，葡萄酒就与人类的历史紧紧交织在一起。它给人以慰藉，给人以勇气，既是良药与消毒剂，又帮人们摆脱精神的疲惫，消除内心的忧伤。因此，在漫长的人类历史长河中，葡萄酒有着神圣而独特的地位。

公元前 3000 年

葡萄酒成为古埃及文化中的重要组成部分，除了在祭祀活动中广泛使用，由于其稀缺性，还成为身份的象征，只有法老和权贵可以享用。

公元前 7000—前 6000 年

在高加索山脉和美索不达米亚平原一带，已经出现了葡萄与葡萄酒的痕迹，这也是考古学家发现的关于葡萄酒最早的记录之一。

公元前 1500 年

葡萄酒传播至古希腊，在许多的诗歌、雕塑、神话中，我们都能看到葡萄酒的影子，最有名的要数酒神狄奥尼索斯的故事。古希腊对于葡萄种植、葡萄酒酿造和葡萄酒贸易的促进，奠定了葡萄酒今天在世界上的地位。

你知道吗

　　中国酿造葡萄酒的历史可以追溯到公元前 7000 年，是世界上最早酿造葡萄酒的国家。20 世纪 60 年代在河南贾湖遗址发现的陶罐、葡萄籽化石，改写了葡萄酒的历史。

公元前 270 年

古罗马人传承了古希腊人关于葡萄酒的技艺，并将其发扬光大。在这时，葡萄酒已不是少数特权阶级的专利，而是广为流行的大众饮料。

发现新大陆

随着古罗马的崛起，葡萄酒也随着古罗马士兵一起被传播到西欧各地：

西班牙：公元前 150 年
法国：公元前 125 年
德国：270 年

随着新大陆的发现，葡萄酒也随着人类的足迹一起来到新世界，开启了葡萄酒历史的新篇章：

智利：1554 年
阿根廷：1556 年
在大航海时代，随着西班牙殖民者的到来，葡萄酒也来到南美大陆。
美国：1562 年—1564 年
在最早的一批欧洲移民登陆美洲时，随行的传教士从旧世界国家带来了葡萄酒的酿造技术。
南非：1659 年
17 世纪盛行的香料贸易连通了欧洲通往亚洲的新航路。南非作为重要的中转站，开始慢慢发展。最早到达此处的荷兰东印度公司，从欧洲带来了葡萄酒。
澳大利亚：1778 年
随着新移民的到来，澳大利亚也成为了生产葡萄酒的天堂。

旧世界（Old World）vs 新世界（New World）

虽然经过几千年的传播，葡萄酒已经传遍世界的各个角落。但在葡萄酒的世界里还是有着明显的"阶级划分"，那就是葡萄酒行业常说的"旧世界"与"新世界"。

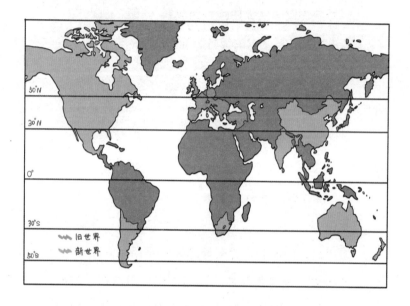

法国、意大利、德国、西班牙等欧洲国家，种植和酿造都有着上千年的历史，因此被称为"旧世界"国家。

而澳大利亚、美国、新西兰、智利、南非等曾经的殖民地国家，种植和酿造的历史大都在几百年以内，所以被人们称为"新世界"国家。

旧世界的酒庄注重传统，选用的葡萄品种多样，一款酒可能由两三种甚至更多葡萄品种混酿，葡萄酒的风格更含蓄、复杂、优雅。旧世界国家有关葡萄酒的法律法规相对完善，酒标上以产区标注为主，各个国家都有明确而严格的分级制度。

　　新世界国家有许多集团化酒庄，以大规模工业化生产为主。由于天气普遍更加温暖，葡萄更加成熟，因此新世界葡萄酒大多采用单一葡萄品种酿造，更注重葡萄品种的特点，口味偏果香，容易入口。新世界国家的葡萄酒主要标注品种，没有烦琐的分级制度。但是如果标注了著名优质产区的名称，一般会有较高的品质。

葡萄酒地图背后的故事

每当你爱上一款葡萄酒，你可知道，也许它的背后有着许多不为人知的故事？别掩饰你的好奇心，让我们一起走进酒的世界，看看这些"酒中贵族"背后的故事。

 ## 法国波尔多1855分级制度的由来

无论你是对葡萄酒一无所知的"小白"，还是颇有研究的资深玩家，拉菲或者"五大名庄"这样的名词总听说过一二。这些听起来神秘而"高大上"的名字，究竟是什么呢？

"五大名庄"是指拉菲罗斯柴尔德古堡（Chateau Lafite-Rothschild）、罗思柴尔德市桐堡（Chateau Mouton Rothschild）、玛歌酒庄（Chateau Margaux）、拉图酒庄（Chateau Latour）和侯伯王酒庄（Chateau Haut-Brion）。其代表的是法国波尔多的"1855分级制度"（法语称作"Les Grands Crus Classés en 1855"），"五大名庄"就是该制度中级别最高的5个酒庄。

1855年，法国巴黎即将召开盛大的万国博览会（世界博览会的前身）。当时的法国皇帝拿破仑三世非常希望在展会上展示法国最高级的葡萄酒，因此下令建立一个波尔多顶级葡萄酒的分级体系。这项艰巨的任务落在了波尔多酒商（Négociants）的身上。

在波尔多，酒商的地位举足轻重，他们是整个葡萄酒贸易中最重要的环节。这些人基本都是祖祖辈辈生活在这里的本地人，和各大酒庄保持着非常良好的关系，同时对葡萄酒贸易中的各个环节了如指掌。他们手握酒庄销售葡萄酒的配额，外来者想要买酒，只能找这些酒商，而不能直接向酒庄购买。直到今天，酒商依然在波尔多发挥着重要的作用。

当年，按照拿破仑三世的要求，酒商们根据19世纪前半叶红葡萄酒的品质、价格以及各酒庄的声望，评出了由高至低五个级别的60家酒庄。随后，拿破仑三世将此制度以法律形式确定下来。

其后的1856年，又增加了一个五级酒庄。1973年，罗思柴尔德木桐堡由二级酒庄升级为一级酒庄，正式形成了前面提到的"五大名庄"。

今天的"1855分级制度"共包括61个酒庄，其中有：5个一级酒庄、14个二级酒庄、14个三级酒庄、10个四级酒庄和18个五级酒庄。

除此之外，在当年的评选中，还有一份依据白葡萄酒评选的包含了27家酒庄的名单，这份名单分为三个级别，其中最重要的，就是最高等级的超一级酒庄：滴金酒庄（Chateau d'Yquem）。与之前依据红葡萄酒评选的酒庄一起，二者共同构成了今天的"1855 分级体系"。

 ## 法国黑皮诺在勃艮第的"统治"

尽管根据今天的考古发现，勃艮第在公元 2 世纪前后才开始酿造葡萄酒，但是人们相信，早在古罗马人征服这里之后的公元前 600 年左右，古希腊的商人们就已经带着葡萄酒，穿过卢瓦尔河谷来到勃艮第了。

天主教兴盛起来后，在当时的王公贵族中流行一种风尚：将葡萄园捐献给教会，以表达自己对上帝的虔诚。这一风尚，对于勃艮第葡萄酒的发展产生了深远影响。在这个阶段，本笃会教士（Benedictines）和熙笃会教士（Cistercians）贡献巨大。在很长一段时间内，本笃会教士都是勃艮第最大的葡萄园拥有者；熙笃会的教士们则最先发现，在不同的葡萄园会酿造出风格各异的葡萄酒，这也是今天勃艮第葡萄酒文化中风土概念最早的雏形。而且，由于勃艮第位于内陆，与沿海的波尔多等产区不同，在中世纪时期，闭塞的交通环境，使其极大地保留了当地酿酒的传统与风格。当时，勃艮第的葡萄酒很少流传到其他地区，少量流传到巴黎和阿维尼翁（Avignon）教皇城的产自博纳的红葡萄酒，就于 14 世纪崭露头角，成为优质葡萄酒的代名词。

但是在勃艮第葡萄种植的历史上，黑皮诺的地位曾多次遭到挑战。勃艮第的葡萄品种很多，除了我们现在熟知的黑皮诺（Pinot Noir），还有来自北方的灰皮诺（Pinot Gris）以及极具竞争潜力的佳美（Gamay）。尤其是佳美，早熟且产量高，所酿葡萄酒口感温和清淡，芳香浓郁，更受普通人的喜爱，甚至一度动摇了黑皮诺的统治地位。后来，勃艮第当局强制限制佳美的种植，黑皮诺才得以保住其正统地位。

"好人"菲利普（Philippe le Bon）后来又颁布法令，重申对于佳美的抵制，他在法令中写道："勃艮第公爵以拥有基督教世界中最好的葡萄酒而闻名，我们将坚持维护我们的名声。"（The Dukes of Burgundy are known as the lords of the best wine in Christendom. We will maintain our reputation.）在接下来的几百年间，果真如"好人"菲利普所言，以黑皮诺酿造的勃艮第红葡萄酒成为了最好的葡萄酒。

然而佳美也没有因此沦落，一些果农还是顶着统治者的敕令，悄悄种植了少量佳美。18 世纪，佳美不仅悄悄回归，还在勃艮第南部的博若莱重铸辉煌。当然，这些都是后话了。

 德国查理曼大帝与雷司令

欧洲的中世纪一度被欧美史学界称为"黑暗时代"。在那个封建诸侯频繁争战、人们思想遭受禁锢、生产力停滞的时期，一位风云人物的出现，为这段黑暗的历史带来了一丝曙光，他就是查理曼大帝（Charlemagne）。在当时以及后世许多人的描绘中，这位理想的、完美的、积极地、乐善好施的、给人们带来和平的帝王，也是中世纪后期一切有关葡萄酒的美好事物的赐予者。

在查理曼大帝继承王位的时候，法兰克王国已经是当时欧洲最强大的国家。后来在查理曼大帝的努力下，西欧大部分土地都成了法兰克王国的疆土，战乱频仍的欧洲大陆迎来了暂时的和平。查理曼大帝统治时期，法兰克王国首都位于今天德国的亚琛，他在这里修建了富丽堂皇的宫殿和金碧辉煌的教堂，也使欧洲的经济和政治重心逐渐从南方转移到了北方，莱茵河流域因此成为重要的贸易中心。

除了投入大量精力建设帝国，查理曼大帝也和葡萄酒有着极深的渊源。古罗马时代以后的有关德国葡萄酒的记录都始于这一时期，这时帝国的葡萄酒不仅远销俄罗斯、波兰，还跨越英吉利海峡，销售到了海峡对岸的英格兰。

关于查理曼大帝的几个最有名的传说，几乎都和葡萄酒相关。比如，相传，在查理曼大帝乘船顺莱茵河去因格尔海姆宫殿（Ingelheimer Kaiserpfalz）的途中，发现莱茵高

（Rheingau）的约翰山（Johannisberg）陡峭的山坡上的积雪最先融化，便知道这里天气温暖，适合葡萄的生长，便命人在此种植葡萄，而这里也是雷司令这种葡萄最早的发源地。

公元 775 年，查理曼大帝把他在科通（Corton）的一块山坡赠予索略的圣安多什修道院（Abbey of St Andoche in Saulieu），这片葡萄园生产的白葡萄酒，今天依然被称作科通·查理曼（Corton-Charlemagne）。

除了传说，查理曼大帝对于葡萄酒的贡献还体现在酿酒卫生方面。他关于酿酒的一些严格法令，包括禁止脚踩葡萄、禁止用动物皮革储存葡萄酒等，都为后来卫生酿酒的程序打下了坚实的基础。

 ## 意大利超级托斯卡纳的崛起

意大利在葡萄酒世界的地位不言而喻，古希腊人更是称其为 Oenotria——葡萄酒的国度。不同于法国，意大利葡萄酒诱人的风味并非来源于严苛的规律，而在于彼此不同、变化多样的个性。

在意大利所有 20 个大区里，每个大区都有着与众不同的品种和酿酒风格，使得这个国家的葡萄酒异彩纷呈。这是因为，意大利曾长期处于四分五裂的状态，没有一个政府能将酒庄集合起来，并推广实施统一的规范。两次世界大战结束后，百废待兴的意大利政府真正开始着手整治葡萄酒产业时，成效着实令人眼前一亮。1963 年，意大利的产区制度 DOC（法定产区葡萄酒）与 DOCG（保证法定产区葡萄酒）正式面世，这套仿自法国 AOC 法定产区制度的体系，对意大利葡萄酒产业的规范化确实是一个良好的开端。然而，这套规则的缺陷也很明显，20 世纪七八十年代，越来越多质量和价格都高于普通 DOC 的低级别日常餐酒（Vino da Tavola）逐渐面世，并逐渐受到消费者的青睐。超级托斯卡纳（Super Tuscan）也在这个时候崭露头角。

位于意大利中部的托斯卡纳大区可谓意大利的心脏，尤其是在佛罗伦萨周边的奇昂第地区（Chianti），更是有着悠久的葡萄酒传统。早在 13 世纪，当地的酒商就组成了"奇昂第联盟"来推广葡萄酒。1716 年 9 月 24 日，当时的托斯卡纳统治者梅迪奇的柯西莫三世大公出台法令，进一步规范了奇昂第葡萄酒的生产范围。

1948 年，因奇萨·德拉罗凯塔（Incisa della Rocchetta）侯爵在位于托斯卡纳海滨的圣圭托酒庄（Tenuta San Guido），挑选了一块布满石块的葡萄园，开始了自己的小实验：种植赤霞珠。这片曾经被废弃的土地仿佛有着神奇的魔力，生产的赤霞珠富含矿物、成熟期漫长，当葡萄酒成熟后，展现出了意大利其他葡萄酒所没有的独特风味。一开始，这种佳酿只能在侯爵的私人酒庄中才能喝到，直到 1968 年才正式销售，并被命名为西施佳雅（Sassicaia）。几年后，西施佳雅便成了与波尔多名庄酒比肩的佳酿。西施佳雅也被认为是世界上最早的超级托斯卡纳葡萄酒。

1975 年，在西施佳雅的启发下，安蒂诺里家族（Marchesi Antinori）以奇昂第传统的桑乔维塞为主题，加入赤霞珠，创造出了酒庄的旗舰酒款天娜（Tignanello），惊艳四座。1978 年，他们又一反常规，推出了另一款佳酿索拉亚（Solaia）：采用赤霞珠为主体，与天娜正好相反。短短几年的时间里，奇昂第的许多酒厂都开始追随他们的脚步，推出自己心目中的超级托斯卡纳。意大利的葡萄酒再次昂首回到了世界葡萄酒舞台。

 ## 西班牙雪莉酒的故乡

雪莉这种风味独特的加强酒，不仅有着好听的名字，更有着悠久的历史，甚至在某种程度上可以说是西班牙葡萄酒的代表。

早在公元前 1104 年左右，腓尼基人第一次踏上伊比利亚半岛，建立了西班牙最古老的城市加的斯（Cádiz）时，便从古希腊引入了葡萄酒的酿造，如今，这片三角地依然是雪莉酒的法定产区。经过古罗马人近千年的统治，雪莉酒的酿造技术日趋成熟。随后，摩尔人开始了对这片地区的统治，并带来了酿造烈酒与加强酒所必需的技术：蒸馏。他们称这座城市为"Sherish"（翻译自阿拉伯文 شريش），这正是雪莉的西班牙语名 Jerez 以及英语名 Sherry 的由来。此后五个世纪，在阿拉伯帝国的统治下，葡萄酒的生产稳步发展，虽然这其中也经历了各种困难，但都坚持了下来。直到 1264 年，卡斯蒂利亚的阿方索十世国王占领了这座城市，雪莉酒的发展迎来了新的高峰。在 16 世纪末，雪莉甚至被称为"世界上最好的葡萄酒"。

大航海时代促成了雪莉酒的传播和流行，据说哥伦布在前往美洲大陆的航行中，就携带着雪莉酒，因此也有人说，雪莉酒是最早到达美洲的葡萄酒。麦哲伦在他的环球航行中也大量购买了雪莉酒。据资料记载，麦哲伦当时率领了 5 艘船只和 237 名船员出海。他为整个舰队与船员配备了大量的武器弹药，共花费了 566,684 枚金币。而他在赫雷斯采购雪莉酒的费用呢？594,790 枚金币，比购买武器弹药的钱还多。由此可见，在当时，雪莉酒是多么重要、多么受欢迎。

今天，雪莉酒已经成为世界上最重要的加强酒之一。

 ## 美国巴黎盲品会

葡萄酒的世界里，从来就不缺少引人入胜的传奇故事。但是，如果说有哪个故事深刻地改变了世界葡萄酒的格局，大多数人第一时间都会想到它：1976 年巴黎盲品会（Paris Wine Tasting of 1976），也被人称为"巴黎审判"（Judgement of Paris）。

1976 年 5 月 24 日，在英国人史蒂文·斯普瑞尔（Steven Spurrier）的组织下，9 位法国葡萄酒的顶尖人物齐聚巴黎的洲际酒店，他们包括：

罗曼尼·康帝的管理者奥伯特·德·维兰（Aubert de Villaine）；

美人鱼酒庄（Chateau Giscours）的庄主、波尔多列级酒庄联盟主席（Union des Grands Crus de Bordeaux）皮埃尔·塔里（Pierre Tari）；

法国葡萄酒杂志 RVF（全称为 La Revue du Vin de France）的编辑奥德特·卡恩（Odette Kahn）；

米其林餐厅 Restaurant Taillevent 的老板克劳德·弗希纳（Jean-Claude Vrinat）；

米其林餐厅 Le Grand Véfour 的老板兼主厨雷蒙德·奥利弗（Raymond Oliver）；

巴黎著名的银塔餐厅（Tour D'Argent）首席侍酒师克里斯汀·瓦纳克（Christian Vanneque）；

法国国家原产地命名管理局（INAO）首席监察官皮利尔·布瑞杰斯（Prieur Brejoux），等等。

如此强大的阵容，彰显着这次活动的公正性和权威性。这些"大咖"们在接到邀请的时候，只知道要去品尝一些美国加州的葡萄酒，并不知道这会是一场法国酒和美国酒的正面对抗。除了美国《时代周刊》驻巴黎的记者出于和主办方的交情到场外，法国媒体无一理会主办方的邀请。因为，在当时的葡萄酒世界，法国葡萄酒如日中天，可以说是顶级葡萄酒的代名词。而美国加州葡萄酒呢？很多欧洲人甚至都不知道加州这个地方，他们认为美国人只爱喝可口可乐这样的甜汽水。正是这样的偏见，使很多人对这次品鉴会不屑一顾，然而最终的结果却令他们大跌眼镜。

活动的规则非常简单：史蒂文选择了 10 款白葡萄酒和 10 款红葡萄酒分别进行品鉴，其中来自美国加州的葡萄酒各有 6 款；来自法国的葡萄酒各有 4 款（红葡萄酒来自波尔多、白葡萄酒来自勃艮第），其中不乏罗思柴尔德木桐堡（Chateau Mouton Rothschild）、侯伯王酒庄（Chateau Haut-Brion）、双鸡酒庄（Domaine Laflavie）这样的顶级名庄。酒款被蒙住标识、打乱顺序，给评委们品尝。评判也没有设定任何条件，完全根据评委们的喜好为每款酒打分，满分为 20 分。

史蒂文原本计划等白葡萄酒和红葡萄酒都品鉴结束后一起公布结果，但因为两轮之间换杯、换酒的时间太长，因此他趁这个间歇提前公布了白葡萄酒的统计结果：名不见经传的加州蒙特莱纳酒庄（Château Montelena）的1973年霞多丽拔得头筹，虽然一款来自勃艮第的默尔索排在第二，但是紧随其后的三、四名又都是来自加州的酒庄。这使法国的评委们都坐不住了，也影响了他们在第二轮红葡萄酒盲品时的打分：一旦认定是来自加州的葡萄酒，便会刻意压低分数，甚至有的酒款被打了不可思议的超低分。即便如此，史蒂文公布的红葡萄酒评分结果，依旧震惊了所有人，虽然波尔多的三家列级酒庄占据了第二到第四的位置，但第一名仍旧被来自美国的鹿跃酒窖夺走，法国葡萄酒可谓惨败。

巴黎盲品会排名（白葡萄酒）			
排名	名称	年份	产地
1	Château Montelena	1973	美国加州
2	Merusault Charmes Roulot	1973	法国勃艮第
3	Charlene Vineyard	1974	美国加州
4	Spring Mountain Vineyard	1973	美国加州
5	Beaune Clos des Mouches Joseph Drouhin	1973	法国勃艮第
6	Freemark Abbey Winery	1972	美国加州
7	Bayard-Montrachet Ramonet-Prudhon	1973	法国勃艮第
8	Puligny-Montarachet Les Pucelles Domaine Leflavie	1972	法国勃艮第
9	Veedercrest Vineyards	1972	美国加州
10	David Bruce Winery	1973	美国加州

巴黎盲品会排名（红葡萄酒）			
排名	名称	年份	产地
1	Stag's Leap Wine Cellar Cask 23	1973	美国加州
2	Château Mouton-Rothschild	1970	法国波尔多
3	Château Montrose	1970	法国波尔多
4	Château Haut-Brion	1970	法国波尔多
5	Ridge Vingeyards Monte Bello	1971	美国加州
6	Château Léoville Las Cases	1971	法国波尔多
7	Heitz Wine Cellar Martha's Vineyard	1970	美国加州
8	Clos du Val Winery	1972	美国加州
9	Mayacams Vineyards	1971	美国加州
10	Freemark Abbey Winery	1969	美国加州

这一结果被唯一在场的美国《时代周刊》披露，引发了全球轰动。法国人对这一结果完全无法接受，当时参加盲品的许多评委也受到质疑和指责，有些人差点为此丢掉工作。时至今日，仍有许多法国葡萄酒从业者认为这是一种"耻辱"，拒绝再次提起。然而，对于美国加州，甚至对于整个新世界葡萄酒来说，这是一次完美的逆袭，它向世界宣布：新世界国家也能酿造出无与伦比的顶级葡萄酒。

著名的酒评家罗伯特·帕克就曾说过："它摧毁了法国至高无上的神话，开创了葡萄酒世界民主化的纪元，这在葡萄酒历史上是一个分水岭。"

智利佳美娜的复兴

波尔多的赤霞珠美乐、勃艮第的黑皮诺、新西兰的长相思、澳大利亚的设拉子、南非的皮诺塔吉，世界上每个重要的葡萄酒产区都有自己最具代表性的葡萄品种。这些地区充分培养了品种的特点，反过来，这些品种也完美展现了不同产区的风土特征，成为一种标杆。智利这片被许多葡萄酒评论家称作"葡萄种植者天堂"的地方，也有着自己与众不同的葡萄品种，那就是佳美娜（Carmenère）。

佳美娜的故事颇具传奇色彩。佳美娜并不是原产于智利的品种，而是来自大洋彼岸的法国波尔多。虽然佳美娜在智利有着100多年的种植历史，但直到20年前，智利人才恍然大悟：原来这个品种是佳美娜啊！

事情要从佳美娜的老家波尔多说起。波尔多的天气阴晴不定，温度和光照都没有保证，因此佳美娜不能很好地成熟，很不受当地酒农的喜爱。19世纪中叶，佳美娜迎来了一次转机。当时在南美等殖民地的富有贵族、地主，最崇尚的事情就是去欧洲来一次伟大的旅程（Grand Tour），他们往往会带上一些金银细软和几个仆从，在当时最发达的西欧各国游历，再带上几样当地的特产，以便回家后大肆吹嘘一番。就这样，佳美娜随着许多葡萄品种一起，被带到了大洋彼岸的智利。在这片气候温暖、阳光充足的土地上，佳美娜获得了在波尔多不曾拥有的成熟与美妙。在波尔多，1867年前后的根瘤蚜灾害，让这一品种遭受了灭顶之灾。然而，佳美娜在智利的生活也并非一帆风顺，最大的麻烦就是弄丢了自己的名字。

自从来到智利的那一天起，佳美娜便被当地的酒农当作美乐种植。尽管在体态和成酒上都有不小的差异，但智利酒农只是草率地认为这是"葡萄突变"的结果，甚至称其为"美乐优胜劣汰的选择（Merlot Selection）"。1993年，智利酒类学家克劳德·瓦拉（Claude Valat）偶然间发现他办公室窗外的美乐葡萄园有些不对劲，这些葡萄树的藤和叶子与其他葡萄藤的叶子不同，而且到了秋天，叶子还会变成深红色，这是什么原因呢？经过长时间的观察，克劳德越发困惑，但对当地酒农的解释，克劳德不甚满意，因此他联系了法国蒙彼利埃大学的世界顶尖葡萄品种专家让-米歇尔·波里斯沃特（Jean-Michel Boursiquot）。第二年，两人一同在葡萄园探访，再一次肯定了这个现象非同寻常，并开始了漫长的探究。三年后，经过一系列的实验研究和DNA比对，他们认定这个品种并不是美乐，而是失传已久的佳美娜。

1998年，经过智利农业部的认定，佳美娜终于找回了自己的名字。自那以后，佳美娜迎来了自己的辉煌时期。由于得天独厚的自然环境以及悠久的酿造历史，智利的酒农们很快掌握了酿造优质佳美娜葡萄酒的诀窍。许多单一品种或以佳美娜为主体的顶级智利葡萄酒如雨后春笋般出现，并逐渐风靡全球。为了庆祝佳美娜的回归，智利将每年的 11 月 24 日定为"佳美娜日（Carmenère Day）"，以纪念佳美娜被重新发现的那天。

葡萄酒的"身份证"——酒标

等级森严的旧世界酒标

提起葡萄酒，大家最先想到的肯定就是法国。法国作为旧世界国家的代表，关于分级制度的设计也是最规范的，欧盟在设立统一的立法规范时，都是以法国的制度为范本。下面我们就以法国的酒标为例，来看看旧世界的等级划分。

餐桌酒
Vin de France

简称 VDF，指的是来自法国的葡萄酒，这一标识自 2010 年开始启用，替换之前酒标上的 Vinde Table（餐酒）级别标识。VDF 要求非常宽泛，并不限定具体品种、产区和混酿形式，酒商可在瓶上标注品种和年份。

这个级别没有地理标识，属于法国葡萄酒中最低的级别。一般酒的价格不会很高，在国内超市，价格大多在 50 元—100 元人民币之间。

地区餐酒

Indication Geographique Protegee

简称 IGP，对应欧盟法规中的 PGI 级别。这一级别侧重地域标志，在法规上并没有太多的束缚，这就给了酿酒师更多的酿酒自由与发挥空间。当然，另一方面，相对于更高的 AOC/AOP 级别而言，很难保证它有更高的品质。在法国，IGP 级别的葡萄酒非常常见，其产量约占法国葡萄酒产量的一半以上。

这个酒标上的 Pays d'Oc IGP，是指这是一款来自法国奥克地区的地区餐酒。奥克产区位于法国南部的朗格多克—鲁西荣地区（Languedoc–Roussillon），目前奥克产区是法国产量最大、年出口量最多的产区。一般而言，来自这个产区的酒价格不会很高，普通酒款在国内超市的价格大多在 70 元—150 元人民币之间。

法定产区酒

Appellation d'Origine Controlee ／ Protegee

简称 AOC 或 AOP，对应欧盟法规中的 PDO 级别。这是法国葡萄酒的最高级别。这一级别的葡萄酒，所用的葡萄必须全部来自所标注的产区，其葡萄品种、产量、酿造过程、酒精含量等，都要得到法国国家原产地名称管理委员会（Institut National de l'Origine et de laQualite，简称 INAO）的认证。

有这个标识的葡萄酒，在生产质量上有一定的保证，但不保证口感及酒质水平，所以在这个级别的葡萄酒价格区间非常大。因此在挑选 AOC 级别葡萄酒时，我们还要关注它来自哪个产区和哪个酒庄。

你知道吗

法国 AOC 制度的由来

法国的 AOC 制度，全称是 Appellation d'Origine Controlee，我们一般翻译成"原产地命名控制"。这是一套旨在规定农产品产地、品质及命名的法律规定。

AOC 最早的雏形可以追溯到 1411 年，不过当时并不是用在葡萄酒上，而是用于保护一种叫作罗克福干酪（Roquefort）的奶酪。第一个关于葡萄酒原产地的法律出现于 1905 年 8 月 1 日，1919 年 5 月 6 日，关于这一规定的第一个现代法律条文出台。不过，1935 年 7 月 30 日，代表政府管理原产地命名的国家原产地命名委员会（ComiteNational des Appellations d'Origine，简称 CNAO）才正式成立。1937 年，在律师兼酿酒师皮埃尔·勒桦·博叟玛丽男爵（Baron Pierre Le Roy Boiseaumarie）的奔走呼吁下，罗纳河谷产区（Cotes du Rhone）成功获得了法国的第一个 AOC 产区称号。"二战"结束后，CNAO 改组为现在的法国国家原产地命名管理局（Institut National des Appellations d'Origine，简称 INAO），在 20 世纪 50—70 年代，AOC 法律制度逐步完善，1990 年 7 月 2 日，AOC 制度扩展到其他农产品。

时至今日，法国的 AOC 制度可以说是世界上最完善的原产地保护制度，也被欧盟及欧洲其他国家效仿，成为原产地保护的典范。

欧洲其他国家也有和法国类似的分级体系，大多是在欧盟的规范下，模仿法国的分级体系创建或修正而成的，但各自有着自己的传统叫法：

法国	欧盟	意大利	西班牙	德国
CDF	无 GI	VdT	VdM	Deutscher Wein
VDP	PGI	IGT	VdIT	Landwein
AOC/AOP	PDO	DOC	DO	QbA
		DOCG	DOCa	QmP

特立独行的新世界酒标

与旧世界葡萄酒不同，新世界的葡萄酒不仅口味讨喜易饮，酒标也简单明了、通俗易懂。

新世界葡萄酒酒标没有了旧世界酒标上绕口难记的产区名称和烦琐的级别标识，取而代之的是明确的产地、品种，同时还会标注一些影响葡萄酒风格的酿造技术。哪怕是葡萄酒小白，也能根据这些提示，简单地做出选择。

新世界酒标的设计普遍更加现代，具有视觉冲击力和吸引力。

新世界酒标上常见的术语：
橡木桶发酵／陈化 Barrel fermented／matured
受橡木影响／未受橡木影响 Oaked／Unoaked
未下胶／未过滤的 Unfined／Unfiltered
有机的 Organic
老葡萄树 Old vines

应市场而动的葡萄酒酿造

从诞生之日起，葡萄酒就随着市场需求的变化而变化。如现在常见的干型香槟，就是因为英国人的追捧才逐渐流行的。目前在我国，由于一般消费者对葡萄酒的认识不够深入，普遍更喜欢偏甜味的葡萄酒，导致很多生产商为了顺应这一市场需求，对产品风格进行了相应调整。再比如，美国人也非常喜欢甜型葡萄酒和口感非常浓郁的干红，所以美国酒给人们的印象大多如此。每个国家都会由于自己的饮食文化及市场因素，形成各自的葡萄酒风格。

此外，由于一些葡萄酒名气巨大，如拉菲酒庄，酒庄的主线品牌如拉菲古堡、拉菲珍宝（即小拉菲）产量不能满足市场的需求，于是酒庄会收购其他地区的酒厂，用自己的酿造技术及市场销售团队，以统一的品牌形象、相对严格的品质要求，生产同品牌下不同系列的产品，例如拉菲传奇、拉菲传说等入门款的葡萄酒，就是拉菲酒庄为满足市场对大品牌的需求而生产的。面对这种情况，就需要大家的"火眼金睛"了。真真假假的葡萄酒都希望搭上这班顺风车，诱导甚至欺骗消费者。不过值得高兴的是，目前各大品牌的公司都在积极进行防伪和打假的工作。

如何享受一款葡萄酒

我们已经了解了很多关于葡萄酒的知识，这些都是为了让我们更好地品味、享受葡萄酒的美。

准备酒具

"工欲善其事，必先利其器"，为了更好地品鉴一款葡萄酒，各种酒具是必不可少的。

酒杯

◀细长酒杯有利于增强气泡

香槟杯

▶大杯身增加与空气接触，有助于香气散发

红葡萄酒杯

◀小尺寸酒杯有助于香气特征聚集

白葡萄酒杯

▶小尺寸酒杯突出果味，淡化酒精

甜酒杯

关于持杯

　　在持杯时，为了避免手掌温度影响酒的温度，一般会握住酒杯的杯腿，尽量避免接触杯身。当然，我们也可以帅气地手持杯底。

　　在少数情况下，红葡萄酒温度过低，达不到适饮温度时，我们也可以轻握杯身，用手掌温度稍微为酒液加温。

开瓶器

　　T型开瓶器：最传统的开瓶工具。不过用它开瓶的方式也是传统而粗暴的：将金属螺旋刀转入橡市塞，然后用力拉出。这种方式不仅要求你有很强的臂力，还要有不错的运气，因为稍有不慎，就很容易将橡市塞扯断。这可以说是最不好用的开瓶器了。

套筒开瓶器： 针对 T 型开瓶器的不足，人们在它的基础上又做了改进：在螺旋刀下方加入套筒。只要把套筒卡在瓶口处，将螺旋刀钻入橡市塞，然后反方向转动套筒，橡市塞就会自己旋转出来。这种开瓶器虽然相对于 T 型开瓶器方便很多，但由于大部分套筒开瓶器做工很差，容易损坏，仍然属于非常难用的一种开瓶工具。

蝴蝶开瓶器： 许多人的家中最常见的应该就是这种蝴蝶开瓶器了。它利用杠杆原理，在套筒开瓶器的基础上进行了改进：随着螺旋刀旋入橡市塞，开瓶器的两根杠杆就缓缓张开。我们只需要压下杠杆，酒塞就会自然升起。这种开瓶器更加方便，但是不方便携带是它的硬伤。

兔子开瓶器： 兔子开瓶器因为像兔子耳朵一样的两个把手而得名，可以说是最简单易用的开瓶工具了。靠着一套齿轮装置，我们只需要用"兔子耳朵"手柄夹住瓶口，通过简单的提拉便可开启葡萄酒。然而庞大的体形和昂贵的价格，阻碍了这种工具的普及。

海马刀：这种开瓶器因其形似海马而得名，融合了实用性和便捷性的优势，备受餐厅侍酒师的喜爱，因而又被称为"侍酒师之友"。它由小刀、螺旋刀、支架和提手几个部分组成：先用小刀割开胶帽，接着将螺旋刀钻入橡木塞，然后用支架卡住瓶口，通过杠杆原理提拉提手，将橡木塞拔出。海马刀因其便利性而广为流传，从几元人民币的"淘宝货"到几千元人民币的法国国刀"拉吉奥乐"，任君选择。

老酒开瓶器：老酒开瓶器是一种不太常见的工具。由于很多老年份葡萄酒的橡木塞非常脆弱，很容易在开瓶过程中被螺旋刀掏碎。因此，老酒开瓶器设计了两个金属薄片，开酒时将金属薄片插入瓶口，夹出橡木塞，可以保持橡木塞的完整。这款开瓶器，受到了许多木塞收集者的喜爱。

醒 酒 器

新酒醒酒器：

我们经常能见到很大或奇形怪状的醒酒器，这样的设计是为了加大酒液与空气的接触面积，从而起到快速醒酒的作用。除了右图这样的壶形醒酒器，我们还会见到天鹅造型或者蛇形的异型醒酒器。

醒酒器·新

老酒醒酒器：

与新酒不同，许多老酒比较脆弱，醒酒大多是为了让酒和沉淀物分离，从而得到更加清澈的酒液。因此，通常老酒醒酒器会做得比较瘦，开口比较小，以避免过度氧化。

醒酒器·旧

冰 桶

　　为了让白葡萄酒、桃红葡萄酒和起泡葡萄酒能够快速地达到适饮温度，同时也是为了在饮用的过程中时刻保持酒的冰凉，我们通常会使用冰桶来放置葡萄酒。

　　一般情况下，我们会按1:1的比例将冰块与水混合，倒至冰桶四分之三的位置，然后将葡萄酒放置其中。由于冰在水中融化得更快，因此葡萄酒的热量被吸收的速度也就很快，从而起到了加速降温的作用。同时，冰和水将葡萄酒与桶外的温度隔绝，也能起到保温的作用。

优雅地开启一瓶葡萄酒

开启一瓶静止葡萄酒（橡木塞）

开启一瓶用橡木塞封装的葡萄酒，需要用到开瓶器。尤其是使用"海马刀"时，需要注意：

－ 螺旋刀钻入橡木塞时，应保持垂直；

－ 螺旋刀不要钻入过深，以防穿透橡木塞；

－ 拉出橡木塞时尽量保持轻柔，以防拉断。

开启一瓶起泡葡萄酒

开启一瓶起泡葡萄酒不需要任何辅助工具。但因为起泡葡萄酒瓶中的气压很大，所以在开启时需要注意：

－ 酒瓶不能对着他人；

－ 时刻紧握蘑菇橡木塞；

－ 开瓶时旋转酒瓶，而不是酒塞。

开启一瓶静止葡萄酒（螺旋盖）

螺旋盖有着密封性高的特点，尤其是在许多新世界葡萄酒国家，近些年来这种封装方式非常流行。在开启螺旋盖时，为防止脱丝，一般从螺旋盖下方旋开。

侍酒温度

正如可乐要冰镇、牛奶需加热一样，温度会对葡萄酒的风味产生很大影响。比如，过低的温度会让红葡萄酒喝起来有苦涩感，让白葡萄酒失去味道；过热又会使葡萄酒出现混杂的味道，失去果香的新鲜度。所以，调节合适的饮用温度，对于享受一款葡萄酒非常重要。

下面的表格，归纳总结了不同类型葡萄酒适合饮用的温度，供大家参考。

葡萄酒适饮温度							
类型		温度（℃）					举例
		6-8	8-10	10-12	12-15	15-18	
白葡萄酒	清淡	√					长相思
	浓郁		√				过桶霞多丽
	甜型	√					贵腐、冰酒
桃红葡萄酒	清爽	√					果香为主的桃红
	浓郁		√				过桶桃红
红葡萄酒	清淡			√			博若莱新酒
	中等浓郁				√		勃艮第大区黑皮诺
	饱满					√	纳帕谷赤霞珠
起泡酒	清淡	√					莫斯卡托甜起泡
	浓郁		√				年份香槟
加强型葡萄酒	清爽	√					菲诺雪莉
	浓郁				√		茶色波特

关于醒酒

　　醒酒是个神秘而有趣的过程，我们为什么要醒酒？又都是什么样的酒需要醒呢？

　　A. 对于年轻的酒来说，醒酒可以增加氧气和酒液的接触，使酒中的单宁得到柔化，香气更好地散发；酒在长期闭塞的情况下可能有些不太好的味道，简单地在醒酒器中过一遍，可以发散掉这些气味。

　　B. 对于老年份的酒，主要是使酒液和沉淀物质分离。

　　C. 一般的白葡萄酒和起泡酒是不需要醒的，而一些顶级的白葡萄酒或者年份香槟，醒酒可以更好地释放其香气。

说点儿通俗易懂的干货：

- 对于零售价格在 300 元以下（零售价，不包括闪购及清仓价）的年轻红葡萄酒，一般醒酒 15—30 分钟即可；300 元以上的，需要综合考虑酒是否过了橡木桶、是什么葡萄品种、单宁轻重，来决定醒酒时间。

- 老年份葡萄酒因为酒体已经非常脆弱，需要慢慢地倒入老酒醒酒器，操作须慎重。

- 如果没有醒酒器，也可以在杯中醒，喝前摇一摇。

其实，醒酒时间并没有一个定论。同样的酒，保存情况不同状态也会不同。这就需要大家且喝且珍惜，多喝多醒多体会啦。

如何选出你喜欢的葡萄酒

如何品鉴一款葡萄酒

现在，我们知道了葡萄酒从何而来、为什么有那么多种不同的味道、新旧世界的葡萄酒到底是怎么回事儿，但是，当你真正面对品类繁多的葡萄酒时，如何挑选出自己喜欢的那一款呢？俗话说得好，实践出真知，就让我们通过品鉴，来寻找适合自己口味的葡萄酒吧。

前期准备

品酒不是简单的喝酒，而是通过品鉴，更加深刻地理解一款酒的特色。因此，对于品鉴的环境就会有一些要求：

- 良好的光线条件
- 没有异味的干扰，如香水、香烟等
- 白色的背景：便于观察酒的颜色
- 干净的口腔：避免刺激性味道的食物
- ISO 国际标准品酒杯

不同葡萄酒的特点会在不同的酒杯中发挥到极致，但是为了确保品酒的公正，在很多情况下我们会选择 ISO 国际标准品酒杯。

品尝顺序

　　品酒通常是经过三个有序的步骤来进行：

- 观看
- 闻香
- 品尝

观看

　　在观看的时候，将酒杯倾斜 45° 左右，在自然光线下，观察酒液是否混浊，并对照白色背景，观察酒液中心及边缘的颜色。

沉淀 ≠ 缺陷

　　在白葡萄酒及桃红葡萄酒中常会出现透明的结晶体，这些都是酒石酸盐，属于正常现象。

　　而在红葡萄酒中，尤其是老年份酒中，常会出现紫红色结晶体沉淀，这是花色苷与单宁的聚合沉淀，也会有酒石酸盐。这也属于正常现象。

　　出现上述沉淀，可以使用醒酒器进行澄清，这样便不会影响酒的口感。

五光十色的葡萄酒

由于葡萄品种和酿造方法的不同，葡萄酒在颜色上被分为白葡萄酒、桃红葡萄酒及红葡萄酒。而每一种颜色又有不同的颜色深度，这在一定程度上反映了葡萄酒的品种、年龄、酿造方式和浓郁程度。不过也有一些例外，比如意大利的内比奥罗（Nebbiolo）葡萄酒，虽然颜色较浅，但其实是非常浓郁的红葡萄酒。

"外行看热闹，内行看门道"，我们就一起来看看葡萄酒颜色中的门道：

1. 白葡萄酒

白葡萄酒的色泽，我们通常描述为：柠檬色、金色、琥珀色。

不同的葡萄品种会有自己不同的颜色。有一些品种的颜色本身比较浅，比如意大利的灰皮诺（Pinot Grigio），而有一些本来颜色就比较深，比如琼瑶浆（Gewuztraminer）。在本书讲到的品种中，长相思和雷司令都属于颜色较浅的品种，而霞多丽会在不同的气候下有着不同的颜色表现。

颜色的变化往往和酒的年龄有关：时间越久，颜色越深。柠檬色的白葡萄酒会随着时间增加逐渐变成金色。

葡萄酒的颜色有时也和含糖量相关：甜度越高，颜色越浓郁。甜葡萄酒从浅金色到琥珀色都很常见。

另外，长时间橡木桶的使用，也会改变白葡萄酒的颜色。橡木桶本身并不会给葡萄酒增加颜色，只是橡木桶能带来微氧化，从而导致白葡萄酒的颜色加深。

2. 桃红葡萄酒

桃红葡萄酒的色泽，我们通常描述为：粉色、三文鱼色、橙色。

桃红葡萄酒的颜色来自葡萄皮，因此不同的葡萄品种，以及葡萄汁与葡萄皮接触时间的长短，都会影响酒液颜色的深浅。除此之外，桃红葡萄酒的颜色变化和白葡萄酒有着非常相似的规律。

3. 红葡萄酒

红葡萄酒的色泽，我们通常描述为：紫红色、宝石红色、红茶色。

对于红葡萄酒来说，葡萄的品种同样是决定其颜色的基础，而且有着明显的深浅差异，比如黑皮诺（Pinot Noir）颜色比较浅，而赤霞珠（Cabernet Sauvignon）颜色就比较深。

与白葡萄酒不同的是，红葡萄酒的颜色会随着时间增加而越来越浅，这是因为酒中的花色素苷会与单宁发生聚合沉淀，从酒液中析出。因此，很多的陈年葡萄酒都呈现出非常淡的颜色，并伴随着大量的沉淀结晶。

葡萄酒中的不良气味

1. 湿纸板味、霉味，酒失去香气，说明葡萄酒被酒塞中的 TCA（三氯苯甲醚）感染，不再是健康的葡萄酒。
2. 酱油、醋等味道，说明酒被氧化或被醋酸菌感染，酒塞也许出现了漏气的情况，导致葡萄酒坏掉。
3. 煮过的烂水果味道，很可能是酒的存放条件出现问题，酒受过热。
4. 臭鸡蛋味，原因有很多种，可能由于过早装瓶，或者葡萄酒中的二氧化硫加入过多导致。这种味道可以通过葡萄酒与空气接触产生氧化而得到缓解。

香气四溢的葡萄酒

葡萄酒是种有趣的饮料，它可以在发酵时产生各种我们意想不到的香气，但是却鲜有葡萄本味，唯有在麝香葡萄（Muscat）酿造的酒中，我们才会嗅出一些葡萄的味道。

通常我们将葡萄酒的香气分为三类：

1. 一类香气

这类香气属于品种香，来自于葡萄品种本身，包括：花香、果香、矿物质味、植物味、果干味、香料味等。

白葡萄酒常见的香气为：长相思的青草植物香、霞多丽的果香、雷司令的花香和矿物质味。

红葡萄酒常见的香气为：黑皮诺的红樱桃味、美乐的草莓味、赤霞珠的黑莓和青椒味、西拉的黑胡椒和蓝莓味。

2. 二类香气

这类香气属于酿造香，来自于酿造葡萄酒的过程。

许多红、白葡萄酒喜欢在上市之前放在橡木桶中熟化，从而获得橡木桶带来的烟熏、橡木、香草、甘草、巧克力、咖啡等香气。

酵母味和烤面包的味道也是来自于一些特殊的酿造方式。

3. 三类香气

这类香气属于陈年香，来自于葡萄酒在瓶中熟化的过程，有动物皮毛味、马味、蘑菇味等。

品尝

在品尝一款葡萄酒的时候，我们需要注意的主要有几个方面：

| 甜度 | 酸度 | 酒体 | 单宁 | 余味 |

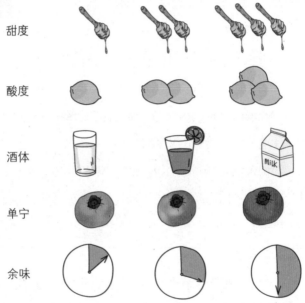

复杂多变的葡萄酒

不要被这张奇怪的图片搞晕哦，其实这些分类，只是形象地表现了我们每次品尝葡萄酒时所要感受的几个方面：甜度、酸度、酒体、单宁和余味。下面我们一一来看。

甜度：蜂蜜搅棒

甜度所体现的是一款葡萄酒的含糖量，根据不同的甜度水平，我们将酒分为以下三类：

干型：葡萄汁中的糖分完全被酵母消耗，转化为酒精，也就是说酒液残糖量在 4 克 / 升以下，即为干型酒。在口中几乎感觉不到甜味。绝大多数的红葡萄酒和大部分白葡萄酒属于干型；

半干型 / 半甜型：酒液中的残糖量在 4-45 克 / 升，以白葡萄酒或桃红葡萄酒为主，味道略甜；

甜型：酒液中残糖量高于 45 克 / 升，在口中可以明显地感觉到甜味。

这几个类型听起来很简单，但是真想在葡萄酒中准确地体味出来，还是需要一定的积累。

酸度：柠檬

酸度其实并不是一个容易感受的风格，尤其是在许多甜酒中，过高的甜度会掩盖酸度带来的清爽，因此在判断酸度的时候应该特别小心。

我们在感受酸度的时候，主要用到的是舌头的两侧，通过唾液的分泌来判断酸度的强弱。就如同我们想到柠檬时，嘴中就会有大量唾液流出。高含量的酸度，会持续给口腔带来刺激，使其分泌出大量的唾液；反之，唾液分泌的量和持续性都会大大减弱。

虽然酸度在许多甜酒中并不明显，但它却是优质甜酒中必不可少的一个部分。清爽的酸度可以降低甜酒的甜腻，使整体味道达到平衡。因此，酸度也是判断甜葡萄酒质量的一个重要因素。

 酒体

酒体是饮用葡萄酒时产生的一种特殊感受，需要我们特别解释一下。概括来说，酒体是葡萄酒中糖分、酒精度、单宁等一系列物质集合，给口腔带来的感受。举个例子：水、果汁、牛奶因其成分的不同，所以在口腔中的份量是完全不同的。我们也借此来区分葡萄酒的酒体，让大家对不同葡萄酒浓郁程度的差异有一个直观感受。

 单宁：柿子

单宁是一种酚类物质，存在于葡萄的果皮、果籽和果梗中。在进入口腔后，会在牙龈、舌头等部位产生生涩、干涩的感觉，与柿子的口感类似。单宁对于红葡萄酒来说十分重要，作为酒的骨架，它可以帮助其熟化，赋予葡萄酒更好的结构和复杂性。同时，单宁对于人体健康还有很多益处。

我们用柿子来表示单宁，是因为柿子皮上让口腔感觉收紧和麻的物质就是单宁，虽和葡萄酒中的单宁不是一种，但是给人的口感非常相近。

◔ 余味长度

余味长度说的是葡萄酒的香气在我们口腔中停留的时间。不同的葡萄酒由于品种或者酿造工艺的区别，会产生不同的留香时间。如赤霞珠和西拉这样的品种，亦或是经过橡木桶处理的霞多丽，香气的留存时间会很长；反之，像灰皮诺这样淡雅的品种，余味的长度就很短。

品葡萄酒并不只是品尝这些而已，我们是希望通过这些内容的介绍，来帮助大家发现自己喜欢的葡萄酒风格，比如喜欢更酸、不涩（单宁少）、酒体厚重浓郁、甜度高等等。每个葡萄品种本身都拥有自己的典型风格，只要熟悉各品种的基本风格，便可以找到你喜欢的葡萄品种。但同样的葡萄品种在全世界各地种出来后也会有不同的表现，仅仅品尝世界各地生产的同一种葡萄所酿的葡萄酒，就是一条漫漫长路。而品种的不同、地域的不同、酿造方式的不同，综合起来更是错综复杂，葡萄酒的世界也因此而异彩纷呈。

葡萄酒的世界如此精彩，学会品尝，才能让你真正爱上它。

什么是好的葡萄酒

在观看、闻香和品尝过后，还有一个非常重要的步骤，就是评价。通过填写品鉴表格，我们可以更加直观地判断出一款酒的好坏。（后附品鉴表格，见本书 139 页。）

好的葡萄酒需要要至少符合以下要求：

> 纯洁、干净。
>
> 能够充分体现该品种、该产区的典型特点。
>
> 无论是回味悠长、清爽简洁、醇香馥郁还是浓厚饱满，好的葡萄酒都有自己的特色，人们可以根据心情、场合、配餐等做出不同的选择。

总体来说，葡萄酒只要符合酿酒标准，做到干净纯洁，就不分高低贵贱，而只有"是否被你喜欢"。对我们来说，最关键的就是，通过品尝挑选出适合自己的葡萄酒。我们希望这样的品酒记录训练，能让每个人都找到自己喜欢的葡萄酒风格。

独乐乐不如众乐乐

品葡萄酒本是一件令人开心的事情，但如果总是一人对月独饮，那好心情估计就要大打折扣了。更何况在很多时候，我们一个人并不能喝完一整瓶葡萄酒。这个时候，不妨叫上三五好友，一起享受美酒，还有什么能比这更令人开心呢？

如果你想在家里举办一场欢乐的酒会，看看我们的建议吧：

家庭酒会基本流程

确定主题→选择酒款→预计人数，确定葡萄酒数量→准备工作→喝起！

A. 确定主题。是轻松的聚会，酒水随意，还是有主题的香槟趴或是甜酒派对。

B. 选择酒款。根据主题，有针对性地选择葡萄酒，比如确定需要什么类型的葡萄酒，需要多少种，是否需要特定的国家产区及年份等。

C. 预计人数。了解朋友当中有多少人是喝酒的，男性女性各有多少，大概都能喝多少等。一般来说，除去不喝酒的，每人按二分之一瓶准备比较适量，当然有特别能喝的可适当增加。

D. 准备工作。备好冰酒、开酒、醒酒、倒酒等工具。

除此之外，我们还为大家准备了两款适合聚会的红酒特饮，大家不妨尝试一下。

夏日特飲
Sangria

2个成熟的梨

3个青柠

2个脆苹果

2个多汁的橙子

2勺糖

半杯白兰地

1瓶果味型葡萄酒

2杯姜汁汽水

半杯橙汁

冰块

Step.1

将苹果和梨切丁，青柠和橙子切片。

预留几片柠檬装饰杯缘~

Step.2

将葡萄酒、橙汁、白兰地和水果混调，静置2小时。

Step.3

饮用前加入姜汁和冰块。

Glühwein 热红酒

 1瓶普通红酒

 1匙白兰地

 1片橙子

2茶匙肉桂粉

2茶匙姜粉

8个丁香

2个八角

2根肉桂棒

Step 1
将所有原料放入炖锅,中火煮沸.

Step 2
文火继续煮15分钟.

Step 3
捞出香料,将热红酒盛入杯中即可.

Step 4
可将橙子片、八角、肉桂等放入杯中作为装饰

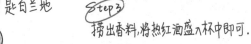

如何储存葡萄酒

设喝完的酒怎么办呢

　　静止葡萄酒：把酒塞倒过来直接塞回去；用抽真空塞或泵抽离空气后塞入瓶塞；用专业设备注入惰性气体保护酒液，再塞入瓶塞。

　　起泡葡萄酒：用起泡酒专用替塞塞好。

　　加强葡萄酒：用自有塞子塞好即可。

　　重新塞好的葡萄酒可放在酒柜或冰箱里，在 2 天左右喝完，加强酒可放置 7-30 天不等。超 1 周还没有喝的葡萄酒（加强酒除外），我们也可以拿来烧菜，替代料酒。

无论我们是在选购葡萄酒的时候，还是在家储存葡萄酒的时候，都要注意几个要点，简单概括就是"两恒两避"。

- 恒温：葡萄酒在温度过高或过低的环境下储存都会变质，而且剧烈的温度变化也会严重损害葡萄酒。因此，理想的环境应该是 10℃—15℃的恒温环境。

- 恒湿：湿度对于葡萄酒的储存也至关重要，尤其是橡木塞封装的葡萄酒，如果长期处在过于干燥的环境中，橡木塞会发生干缩，使氧气进入酒瓶，污染酒液；而湿度过高，又会使酒塞发霉。因此，葡萄酒最好存放在湿度 70% 左右的环境下。

- 避光：葡萄酒在长时间光照下，酒里的分子结构会发生变化，导致变质、变色的现象。因此要注意避免强光的照射，包括自然光源和人造光源。

- 避震：长时间的震动也会改变酒的结构，影响香气。因此，理想的储藏环境应尽量避免震动。

葡萄酒摆放方式：

- 蘑菇塞的起泡酒 —— 站立式

- 螺旋盖的葡萄酒 —— 站立式

- 软木塞的葡萄酒 —— 卧放

有条件可以建酒窖，或者购买恒温酒柜。临时存放可在避光、冷凉、无异味的地方。冰箱并不是一个理想的存放处，因为冰箱压缩机的震动和过多的杂味，长期存放会对葡萄酒有不好的影响。

餐酒搭配

如今的餐厅里，无论中餐、西餐，不管高端、家常，都随处可见葡萄酒的身影。在这些地方购买葡萄酒，你不用等待，便可以及时享受到美酒。如果选择正确，品尝到与美味佳肴相得益彰的佳酿，那将是一次美好的用餐；但如果你不幸选错，那就比较尴尬了。

　　那么，面对一份酒单，我们应该怎么选择呢？首先你要清楚自己需要什么样的酒，比如是不是一些特殊的场合，然后根据预算挑选出最合适的葡萄酒；或者，根据自己所点的食物，选择最适合的搭配；再或者你和你的同伴有什么特殊的喜好？有时候，我们也推荐你本着一颗好奇的心，去挑选一款该餐厅产区或者品种比较特殊的酒。当然，如果你实在不知道如何选择，或者面对百科全书一样的酒单无从下手，不妨交给餐厅的专业侍酒师来推荐，让专业人士根据你的要求和选择的食物来搭配最适合的葡萄酒。

　　烹饪的方法，酱汁的使用，使得菜肴味道千变万化，仅仅根据食材本身去选择酒是达不到很好效果的。餐酒搭配，最重要的是让酒和餐在一起和谐、平衡，使人身心愉悦。

融合法

寻找菜肴和葡萄酒的共同点

食材本身有一定的重量和结构，葡萄酒也一样。二者如果可以一致，便不会显得某一方面特别突出，导致不平衡。这就是"红酒配红肉，白酒配白肉"想要表达的含义。而酱汁中的很多香料味道在酒中同样可以寻找到，比如陈年的黑皮诺中有蘑菇的香气，有些长相思中存在芦笋的味道，配酒的时候，这些同样是可以考虑的因素。

葡萄酒的风格很大程度上受该国饮食文化的影响，正如意大利的酒偏酸，与其美食中大量使用番茄酱不无关系。所以，吃哪国菜，就配哪国酒，出不了多大错。

经典搭配：黑椒牛排 VS 设拉子

红葡萄酒中的单宁可以柔化肌肉纤维，使肉变得柔软，牛排的质感与设拉子的酒体也很一致，同时酒中黑胡椒的香气与酱汁可以有很好的呼应。

互补法

让菜肴和葡萄酒个性互补

吃饺子蘸醋，涮羊肉蘸韭菜花，同样的原理可以应用在葡萄酒与菜肴的搭配上，合理的个性互补，可以使两者相得益彰。

经典搭配：鹅肝配贵腐甜白

 VS

贵腐酒中的高酸度可以很好的平衡鹅肝中肥美的油质感。

避差异

可能有人偏好红葡萄酒，但不是所有的菜都适合搭配红葡萄酒，搞不好会毁了用餐的心情。

黑暗搭配：清蒸鲈鱼 VS 赤霞珠

未经重度料理的本味鱼与赤霞珠的单宁相遇：

腥爆了！

显主体

无论饭局酒场，总要有个主体，昂贵的餐不一定非要配价格不菲的酒，反之亦然，和谐最重要。

餐为主体，酒只要简单辅助就好。

如，吃重庆火锅，可以选择单宁柔顺、果香好的红葡萄酒，或者简单易饮的半甜型白葡萄酒。

酒为主体，餐就不要太过复杂，味道可以清淡一些。

如，同一年份不同酒庄的名庄酒品鉴酒会，粤菜是个不错的选择。

臭豆腐

花钱为主体，开心就好，吃喝随便。

当然，每个人的味觉感知都不同，以上只是基本原则，多尝试多体验，自己的感受最重要。

如何购买葡萄酒

入门级选购攻略

　　不管是为了送给亲朋好友，还是想犒劳一下忙于工作的自己，每当你想买一瓶葡萄酒的时候，面对琳琅满目的货架，或者真真假假的淘宝网页，总会有不知所措之感。来看看我们的建议吧。

 tips

买酒之前，不妨问问自己，问问店员

— 我的预算是多少

— 我想要什么样的葡萄酒

— 我想搭配什么样的食物

— 这瓶酒在店里多久了

— 这瓶酒的储藏条件怎么样

— 什么酒卖得最好

超市也许是普通消费者遇见葡萄酒最多的地方了。无论是像家乐福、沃尔玛这样的大卖场，还是城市超市、婕妮璐这样的高端超市、进口超市，都会有一个专门的葡萄酒区域。来自世界各地的进口葡萄酒和品类繁多的国产葡萄酒，一起陈列在货架上，有时可能会多达几百种单品。这些超市在选择供应商的时候通常非常谨慎，相对可靠。但是在很多卖场里，储存环境并不理想，葡萄酒像普通货品一样被简单粗暴地放置在货架上，温度、光线、气味，各项指标统统不达标，挑选的时候一定要留个心眼儿。

货品多 vs 储存？
可靠

如今**网购**已经成为一种生活方式，不少 80、90 后选购葡萄酒都首选网络，不仅方便快捷，而且价格便宜。但是不同于实体卖场，在网络上我们无法见到实物，全凭图片、商家介绍和网友评论做出最后选择。对于葡萄酒这样需要体验的商品来说，这样的购物方式是有风险的，所以我们建议您尽量选择品牌旗舰店或者网站自营的商品，能在一定程度上降低买到假货的风险。如果你有一定的知识储备，在不少专业酒媒体的闪购和评价、口碑、销量好的淘宝店铺，也都可以淘到一些高性价比的好酒。但是如果价格过低的话，你还是要多想想的，也许有什么猫腻呢？

便宜
便利　vs 假货？

专业葡萄酒商店在国内还处于萌芽阶段。如果你曾经去过国外，尤其是欧洲、澳大利亚这样葡萄酒流行的地方，你会发现有许多这样专业的葡萄酒商店，虽然规模不大，但是品类繁多，有时还能找到不少稀有的葡萄酒。而且这样的商店多数相对专业，你经常会遇到热情好客又懂酒的店员或者老板。如果遇到了，那么恭喜你，你的采购之旅会变得轻松又有趣。不过这样的商店迫于成本的压力，往往价格会相对较高，是否要为情怀买单，就要看你的选择喽。

专业
品类全　　vs 价格贵？

便利店和烟酒店也是购买葡萄酒的备选方案。这些地方最大的好处就是便利，不仅遍地都是，而且不少如 7–11、全家之类的便利店都是 24 小时营业，想什么时候喝酒，下个楼就能买到。但是这类地方也有它们的缺陷，比如品类少，再大的便利店或者烟酒店，也很难摆放太多的葡萄酒，这就极大地限制了你的选择。另外由于种种原因，有些烟酒店里摆放的葡萄酒实在是令人哭笑不得，如果没有"火眼金睛"，不慎买到国产"拉飞"，你也就只能自认倒霉了。

方便 **vs** 品类少
火眼金睛

进阶版选购攻略

如果你热爱葡萄酒，并且懂一点葡萄酒的知识，那么，寻求更为专业的购酒渠道会更能满足你的需求。现在，越来越多的人会通过邮件或者微信的方式在葡萄酒俱乐部购买葡萄酒，这些葡萄酒俱乐部会定期为会员推送精品葡萄酒的信息。这样购买的优势是，这些酒很可能直接来源于葡萄酒生产商。但是当你准备购买这些推送过来的葡萄酒时，必须根据实际情况考虑是否方便接收和储存。如果你准备好了尝试新的葡萄酒以及不同风格的葡萄酒，寻找一个你喜欢的并能提供可靠风格葡萄酒的葡萄酒俱乐部订购葡萄酒，将是探索葡萄酒世界的完美方式。

从拍卖会上购买葡萄酒需要你胆大心细，了解这款酒的前一任所有者的历史是非常重要的，因为前任所有者如何储存葡萄酒，是影响葡萄酒质量的重要因素。

付费玩家选购攻略

如果葡萄酒对你来说已经不单纯是饮品，你还想做一个葡萄酒的收藏者，那么以下几条建议或许能帮到你。

现在市面上值得收藏的葡萄酒，仅来自很少一部分特定的酒庄，这些酒庄所生产的葡萄酒仅占世界葡萄酒总产量不到 1% 的份额，其中法国波尔多（Bordeaux）产区的葡萄酒占据了这不到 1% 中的 95%。由于产量极少，所以这些葡萄酒顺理成章地成为了收藏家的主要目标。

是否收藏一款葡萄酒，你可以从以下几个方面进行考量：

葡萄酒的外观

包装

在良好的储存条件下，储存时间越久的葡萄酒价值越高。如果一瓶酒的包装不好，比如酒塞不牢或者酒标不完整，那么即使这瓶葡萄酒再好，也不适合储存，所以我们要仔细观察葡萄酒的包装。

葡萄酒的颜色

如果透过酒瓶就能观察到葡萄酒的颜色，那么我们就可以由此判断葡萄酒的品质。从颜色上很容易判断出白葡萄酒的品质，如果一瓶干白葡萄酒的颜色有些黄甚至偏褐色，那么这瓶酒的品质就需要仔细考量。红葡萄酒的品质则一般难以透过酒瓶直接判断。

酒瓶

如果能够买到大容量酒瓶装的葡萄酒相对更好，比如像1.5升大瓶装（Magnum）的葡萄酒或者1.5L到3升超级装（Magnum/Jeroboam）的葡萄酒。原因有两个，一是这种包装有利于葡萄酒的保存，因此可以增加保存的时间；二是这种包装的稀有性会增加收藏家的兴趣，从而增加葡萄酒的价值。酒庄出产这种独特包装的葡萄酒，主要是为了迎合收藏家和投资者的口味。

购买方式

避免购买零散的葡萄酒（产量特别稀少的葡萄酒除外），最好购买一箱或者多箱同款的葡萄酒，这样会获得更多的回报。

葡萄酒的历史

世界上最昂贵的葡萄酒背后总有一段可歌可泣的历史，不管是酒庄的历史还是葡萄酒诞生的故事。如果一款葡萄酒所采用的酿酒葡萄产自一个很好的年份，则有利于增加收藏价值。此外，葡萄采收年份发生过的重大的历史事件，比如战争、经济滑坡或者重大改革等，都会影响葡萄酒的收藏价值。

品牌的知名度

世界最知名的葡萄酒品牌，莫过于拉菲罗斯柴尔德古堡（Chateau Lafite-Rothschild）、罗曼尼·康帝（Romanee-Conti）和维加西西里亚（Vega Sicilia）等酒界翘楚。一款酒的酿酒师以及酒庄的知名度越高，它的价值也就越容易随着时间而增长。

葡萄酒的前任主人

一款葡萄酒是否有投资价值，还可以从它曾经拥有过多少个主人来判断。通常，转让次数越多，这款酒就越具有再升值空间。而如果这瓶酒曾经属于某一知名人士或者历史人物的话，毫无疑问，这瓶酒还会增加额外的价值。

葡萄酒的年份

葡萄酒的报价规则与市场上的其地商品一样，需要从同样价格的酒款中挑选出更具陈年潜力的优质葡萄酒，才能得到更多的回报，所以年份是一个不可忽略的因素。不光是红葡萄酒，现在也有很多白葡萄酒、桃红葡萄酒、起泡酒、甜酒和加强酒同样具有多年的陈年潜力。

葡萄酒市场的风向

那些获得知名酒评家高分评价的葡萄酒往往更受欢迎，因此会有更大的升值潜力。

杜绝赝品

虽然拍卖会对所拍卖的葡萄酒品质严格把关，但是市场上赝品泛滥，因此我们也要注意核实葡萄酒的真假以及拍卖行的资质，特别是针对那些稀有的酒款。

附录

世界葡萄酒名庄大全

法国波尔多（Bordeaux）

柏图斯酒庄 Château Petrus Pomerol

卓龙酒庄 Château Trotanoy

里鹏酒庄 Le Pin

老色丹庄园 Vieux Château Certan

迪美庄园 Château De May Certan

白马庄 Château Cheval Blanc

欧颂庄 Château Ausone

拉梦多 Château La Mondotte

大炮嘉芙丽 Château Canon La Gaffeliere

金钟庄 Château Angelus

柏菲庄 Château Pavie

爱士图尔庄园 Château Cos D'Estournel

拉菲罗斯柴尔德古堡 Château Lafite-Rothschild

罗思柴尔德市桐堡 Château Mouton Rothschild

玛歌酒庄 Château Margaux

拉图酒庄 Château Latour

侯伯王酒庄 Château Haut-Brion

市桐庄 Château Mouton Rothschild

碧尚女爵庄 Château Pichon-Longueville

碧尚男爵庄 Château Pichon Longueville Baron

雄狮庄 Château Léoville Las Cases

宝嘉龙 Château Ducru Beaucaillou

龙船庄 Château Beychevelle

大宝庄 Château Talbot

宝马庄 Château Palmer

力士金庄园 Château Lascombes

红颜容庄 Châteauhaut Brion

黑教皇城堡 Château Pape-Clément

骑士庄 Château Chevalier

滴金庄 Château d'Yquem

法国勃艮第（Bourgogne）

罗曼尼康帝 Domaine de la Romanée-Conti

乐桦庄 Domaine Leroy

亨利贾耶尔 Henri Jayer

卢米酒庄 Domaine Georges & Christophe Roumier

阿曼·卢梭父子酒庄 Domaine Armand Rousseau Pere Et Fils

法莱利酒庄 Domaine Faiveley

勒弗莱酒庄 Domaine Leflaive

大金杯酒庄 Domaine Gros Frère & Soeur

武戈公爵酒庄 Domaine Comte Georges De Vogue

杜加酒庄 Domaine Dugat-Py

木尼艾酒庄 Domaine Jacques-Frederic Mugnier

彭索酒庄 Domaine Ponsot

大德庄园 Domaine du Clos de Tart

法国香槟区（Champagne）

唐佩里侬香槟 Dom Perignon

路易王妃香槟 Champagne Louis Roederer

库克香槟 Champagne Krug

沙龙香槟 Champagne Salon

意大利（Italy）

嘉雅酒庄 Gaja

奥纳亚酒庄 Ornellaia

马赛托 Masseto

嘉科萨酒庄 Bruno Giacosa

孔特诺酒庄 Giacomo Conterno

西施佳雅 Sassicaia

索得拉酒庄 Soldera

昆达维尼酒庄 Giuseppe Quintarelli

西班牙（Spain）

维加西西利亚 Vega Sicilia

平古斯 Dominio De Pingus

康塔多酒庄 Bodegas Contador

慕佳酒庄 Bodegas Muga

德国（Germany）

伊贡慕勒酒庄 Egon Muller Scharzhof

约翰山酒庄 Schloss Johannisberg

露森酒庄 Dr. Loosen

杜荷夫酒庄 Helmut Donnhoff

丹赫酒庄 Deinhard

卡托尔酒庄 Catoir

葡萄牙（Portugal）

飞鸟园 Quinta Do Noval

格兰姆酒庄 Graham's

费雷琳娜酒庄 Casa Ferreirinha

卡莫庄园 Quinta Do Carmo

澳大利亚（Australia）

奔富酒庄 Penfolds

汉斯科酒庄—神恩山 Henschke - Hill Of Grace

福林湖庄园 Lake's Folly

格罗斯波利山 Grosset Polish Hill

德宝庄 Tahbilk

霍多溪酒庄 Hoddles Creek Estate

天瑞清道夫酒庄 Tyrrell's Brookdale

美国（USA）

作品一号 Opus One

啸鹰酒庄 Screaming Eagle

鹿跃酒庄 Stag's Leap

哈兰酒庄 Harlan Estate

罗伯特·蒙大维酒庄 Robert Mondavi Winery

智利（Chile）

桑塔丽塔酒庄 Santa Rita

活灵魂酒庄 Almaviva

伊拉苏酒庄 Vina Errazuriz

赛妮雅酒庄 Sena

拉博丝特酒庄 Casa Lapostolle

葡萄酒常用术语表

Acidity	酸度	Commune	公社／村庄
Alcohol by Volume (ABV)	酒精度	Cru	酒庄（波尔多）；葡萄园（香槟、勃艮第、阿尔萨斯）
Appellation d'Origine Contrôlée (AOC)	原产地命名葡萄酒（法国原产地保护标签的法定产区酒传统术语）	Cru Bourgeois	士族名庄分级制度（中级名庄）
Barrique	容量为225升的橡木桶	Cru Classé	列级酒庄
Bin	储存葡萄酒的地点（如酒窖），通常为品牌名称的一部分	Cuvée	特酿（混酿酒）
		Demi-Sec	半干
Blanc / Bianco / Blanco	法语、意大利语和西班牙语的白色，通常指白葡萄酒	Denominación de Origen (DO)	法定产区葡萄酒（西班牙原产地保护标签的传统术语）
Bordeaux	波尔多，法国葡萄酒产区	Denominación de Origen Calificada (DOCa)	法定优质产区葡萄酒（西班牙原产地保护标签的传统术语，最高等级）
Botrytis cinerea	感染葡萄的真菌，通常指贵腐菌	Denominazione di Origine Controllata (DOC)	法定产区葡萄酒（意大利原产地保护标签的传统术语）
Bourgogne (Burgundy)	勃艮第，法国葡萄酒产区		
Brut	天然	Denominazione di Origine Controllata e Garantita (DOCG)	保证法定产区葡萄酒（意大利原产地保护标签的传统术语，最高等级）
Cabernet Sauvignon	赤霞珠，葡萄品种		
Cask	木桶，通常由橡木制成，用于发酵、熟化及储存葡萄酒，其名称及容量会因产区不同而不同	Domaine	酒园，常见于勃艮第
		Estate	只用自己种植的葡萄酿酒的酒庄
Cave	酒窖或酒库	Fortified Wine	加强葡萄酒
Cellar	酒窖	Grand Cru	特级酒庄（特级葡萄园）
Champagne	香槟酒／香槟产区	Grape variety	葡萄品种
Chardonnay	霞多丽，葡萄品种	Indication Géographique Protégée (IGP)	地区葡萄酒（法国地理标志保护标签的传统术语）
Château	城堡，通常指波尔多的酒庄		
Clos	历史上被墙围起来的葡萄园	Indicazione Geografica Tipica (IGT)	地区葡萄酒（意大利地理标志保护标签的传统术语）

Landwein	地区餐酒（德国地理标志保护标签的传统术语）
Maturation	熟化，一种酿酒方式，用以柔和刚酿好的葡萄酒，并添加风味。
Merlot	美乐，葡萄品种
Millésime	葡萄采摘年份（法语）
Mis en bouteille...	装瓶地点
Négociant	葡萄酒贸易商、酒商
New World	新世界
Oak	橡木，通常指橡木桶
Old Vine	老葡萄树
Old World	旧世界
Organic	有机种植
Pinot Noir	黑皮诺，葡萄品种
Prädikatswein (Qualitätswein mit Prädikat, QmP)	高级优质产区葡萄酒（德国原产地保护标签的传统术语，以采收时含糖量划分）
Premier Cru	一级名庄（一级葡萄园）
Propriétaire	庄园主

Qualitätswein bestimmter Anbaugebiete (QbA)	优质产区葡萄酒（德国原产地保护标签的传统术语）
Reserve	珍藏，通常指顶级质量葡萄酒，或经过一点时间熟化的葡萄酒。与意大利语的 Riserva 和西班牙语的 Reserva 不同，并无法律意义
Riesling	雷司令，葡萄品种
Vin de Pays (VdP)	地区葡萄酒（法国地理标志保护标签的传统术语）
Vin	葡萄酒
Vine	葡萄藤
Vineyard	葡萄园
Vino de la Tierra (VdlT)	地区葡萄酒（西班牙地理标志保护标签的传统术语）
Vintage	（葡萄采摘）年份
Yeast	酵母

葡萄酒课程

品鉴一款葡萄酒看似步骤简单，其实需要大量的知识积累和练习。好在，就如同学习插花有插花课程，学习品茶有茶艺课程，学习音乐有不同的声乐课程一样，想更深刻地了解葡萄酒，也有很多相关的课程可以供大家学习参考。

1. 全面而详细的葡萄酒课程

对于想系统学习葡萄酒知识的朋友来说，下面这些课程会非常适合。这些课程虽然各自侧重点有所不同，但都会通过不同的级别，循序渐进地让学习者了解关于葡萄酒的方方面面。如果你有兴趣，还可以在通过下列课程高级别的学习后，进入葡萄酒行业工作，成为真正的"圈里人"。

WSET

成立于 1969 年的葡萄酒与烈酒教育基金会（Wine & Spirit Education Trust，简称 WSET），总部设于英国，是全球最大也最具影响力的葡萄酒与烈性酒教育机构，目前在 73 个国家和地区、用 19 种语言，通过庞大的第三方特许授权培训机构或人员

网络，为各国学员提供多种 WSET 专业课程，每年约有 56000
名学生参加 WSET 品酒资格认证考试。中国报考人数的增长幅
度近几年来都排在第一，应该说，今天中国葡萄酒市场所获得的
成绩与荣耀，WSET 功不可没。

ISG

ISG 总部位于美国，自 1982 年起便开始开办认证课程，ISG
全称为 International Sommelier Guild（国际侍酒师协会），旨在
提供世界范围内最标准的侍酒师教育培训。

CMS

CMS（The Court of Master Sommeliers）成立于 1977 年 4
月，旨在鼓励改善酒单或餐厅的饮料服务标准，尤其是酒和食物
的搭配。所颁证书是侍酒师领域目前最权威的证书。但是如今
CMS 只提供考试，不提供授课，其中 CMS 的第四等级，也是最
高等级——侍酒师大师（Master Sommelier），更是与葡萄酒大
师齐名，且数量更少。

2. 各个产区的官方认证课程

也许你不打算那么全面地深入葡萄酒世界，也许你没有大把的时间投入葡萄酒中，又或者你只是对某些产区感兴趣，那么下面这些课程更适合你。由不同的产区官方开发的课程，可以让你在不长的时间里，深入了解这个产区的风土人情，品尝不同风格的葡萄酒。如果学得足够好，说不定你也能当个产区大使呢。

波尔多官方认证课程（L'Ecole du Vin de Bordeaux）

法国波尔多葡萄酒学校（CIBV）于 1989 年由波尔多葡萄酒行业协会创办，如今已经成为法国乃至国际领先的葡萄酒学校。它在全球 20 个国家拥有 40 多家合作学校以及 200 多名认证讲师。2008 年，它获被授予 ISO 9001:2008 质量认证，以表彰其优质的培训课程和坚持不懈的持续进步。在中国的学生，可以通过其在中国的授权合作学校以及 50 位认证讲师的课程，学习丰富多样的波尔多葡萄酒知识。

勃艮第葡萄酒行业协会（BIVB）

1901 年由勃艮第葡萄酒行业协会（BIVB）通过立法成立。基于公平原则，它维护并突出专业交易技能和葡萄种植技术，与大家分享对传统的继承及对葡萄酒的热爱。其中 BIVB 的市场营销和传媒中心，致力于向法国及国际市场推广勃艮第葡萄酒，通过其举办的活动促进葡萄酒的销售。它负责信息的收集及传播，主要是为相关人士（酒商，餐馆，进口商等等）进行培训并为消费者提供他们所需要的信息，同时还举办一些量身定制的活动。

纳帕谷酿酒商协会（Napa Valley Vintners）

纳帕谷酿酒商协会（NVV）于1944由7位纳帕酿酒师创立，旨在保护纳帕谷作为"一流葡萄种植区域"的称号并促进其发展。如今，纳帕谷酿酒商协会已经代表了500座纳帕酒庄，许多出色的纳帕酒庄都加入到了纳帕谷酿酒商协会。NVV提供官方产区认证课程。

新西兰产区认证

课程由新西兰葡萄种植与葡萄酒酿造协会（NZW）和新西兰贸发局（NZTE）共同研发，旨在为葡萄酒爱好者和专业人士提供清晰、准确、系统的新西兰葡萄酒培训，了解和享受新西兰的美酒。

FWAC 葡萄酒品鉴表

例表

酒名： 拉菲古堡 Château Lafite Rothschild 1985		购买时间：2015.10.15	价格： 8000RMB
外观	纯净 ☑		浑浊 ☐
颜色	浅☐ 中☐ 深☑	青柠檬色☐ 柠檬黄色☐ 金色☐ 琥珀色☐ 粉色☐ 三文鱼色☐ 橙色☐ 紫红色☐ 宝石红色☐ 石榴红色☐ 红茶色☑	
闻香	干净 ☑		有异味☐
	果香型 ☑ 花香型☐ 水果干 ☑ 植物☐ 香料 ☑ 橡木 ☑ 酵母☐ 动物 ☑ 矿物质☐	酒塞感染☐ 氧化☐ 受热☐ 臭鸡蛋☐	
品尝	甜度： 干☑ 半干☐ 半甜☐ 甜☐ 酸度： 低☐ 中☐ 高☑ 单宁： 低☐ 中☐ 高☑ 酒体： 轻☐ 中☐ 饱满☑ 味道特点： 果香型 ☑ 花香型☐ 水果干☐ 植物☐ 香料 ☑ 橡木☑ 酵母☐ 动物味 ☑ 矿物质☐ 余味： 短☐ 中☐ 长☑		
评价	你是否喜欢：超喜欢☑ 喜欢☐ 还可以☐ 不喜欢☐		

酒名		购买时间:		价格:
外观	纯净□		浑浊□	
颜色	浅□ 中□ 深□	青柠檬色□ 柠檬黄色□ 金色□ 琥珀色□ 粉色□ 三文鱼色□ 橙色□ 紫红色□ 宝石红色□ 石榴红色□ 红茶色□		
闻香	干净□		有异味□	
	果香型□ 花香型□ 水果干□ 植物□ 香料□ 橡木□ 酵母□ 动物□ 矿物质□		酒塞感染□ 氧化□ 受热□ 臭鸡蛋□	
品尝	甜度: 干□ 半干□ 半甜□ 甜□ 酸度: 低□ 中□ 高□ 单宁: 低□ 中□ 高□ 酒体: 轻□ 中□ 饱满□ 味道特点: 果香型□ 花香型□ 水果干□ 植物□ 香料□ 橡木□ 酵母□ 动物味□ 矿物质□ 余味: 短□ 中□ 长□			
评价	你是否喜欢: 超喜欢□ 喜欢□ 还可以□ 不喜欢□			

酒名:		购买时间:		价格:
外观	纯净□		浑浊□	
颜色	浅□ 中□ 深□	青柠檬色□ 柠檬黄色□ 金色□ 琥珀色□ 粉色□ 三文鱼色□ 橙色□ 紫红色□ 宝石红色□ 石榴红色□ 红茶色□		
闻香	干净□		有异味□	
	果香型□ 花香型□ 水果干□ 植物□ 香料□ 橡木□ 酵母□ 动物□ 矿物质□		酒塞感染□ 氧化□ 受热□ 臭鸡蛋□	
品尝	甜度: 干□ 半干□ 半甜□ 甜□ 酸度: 低□ 中□ 高□ 单宁: 低□ 中□ 高□ 酒体: 轻□ 中□ 饱满□ 味道特点: 果香型□ 花香型□ 水果干□ 植物□ 香料□ 橡木□ 酵母□ 动物味□ 矿物质□ 余味: 短□ 中□ 长□			
评价	你是否喜欢: 超喜欢□ 喜欢□ 还可以□ 不喜欢□			

酒名：		购买时间：		价格：	
外观	纯净□			浑浊□	
颜色	浅□ 中□ 深□	青柠檬色□ 柠檬黄色□ 金色□ 琥珀色□ 粉色□ 三文鱼色□ 橙色□ 紫红色□ 宝石红色□ 石榴红色□ 红茶色□			
闻香	干净□		有异味□		
	果香型□ 花香型□ 水果干□ 植物□ 香料□ 橡木□ 酵母□ 动物□ 矿物质□		酒塞感染□ 氧化□ 受热□ 臭鸡蛋□		
品尝	甜度： 干□ 半干□ 半甜□ 甜□ 酸度： 低□ 中□ 高□ 单宁： 低□ 中□ 高□ 酒体： 轻□ 中□ 饱满□ 味道特点： 果香型□ 花香型□ 水果干□ 植物□ 香料□ 橡木□ 酵母□ 动物味□ 矿物质□ 余味： 短□ 中□ 长□				
评价	你是否喜欢： 超喜欢□ 喜欢□ 还可以□ 不喜欢□				

酒名：		购买时间：		价格：	
外观	纯净□			浑浊□	
颜色	浅□ 中□ 深□	青柠檬色□ 柠檬黄色□ 金色□ 琥珀色□ 粉色□ 三文鱼色□ 橙色□ 紫红色□ 宝石红色□ 石榴红色□ 红茶色□			
闻香	干净□		有异味□		
	果香型□ 花香型□ 水果干□ 植物□ 香料□ 橡木□ 酵母□ 动物□ 矿物质□		酒塞感染□ 氧化□ 受热□ 臭鸡蛋□		
品尝	甜度： 干□ 半干□ 半甜□ 甜□ 酸度： 低□ 中□ 高□ 单宁： 低□ 中□ 高□ 酒体： 轻□ 中□ 饱满□ 味道特点： 果香型□ 花香型□ 水果干□ 植物□ 香料□ 橡木□ 酵母□ 动物味□ 矿物质□ 余味： 短□ 中□ 长□				
评价	你是否喜欢： 超喜欢□ 喜欢□ 还可以□ 不喜欢□				

酒名			购买时间：		价格：	
外观	纯净□				浑浊□	
颜色	浅□ 中□ 深□		青柠檬色□ 柠檬黄色□ 金色□ 琥珀色□			
			粉色□ 三文鱼色□ 橙色□			
			紫红色□ 宝石红色□ 石榴红色□ 红茶色□			
闻香	干净□			有异味□		
	果香型□ 花香型□ 水果干□ 植物□ 香料□ 橡木□ 酵母□ 动物□ 矿物质□			酒塞感染□ 氧化□ 受热□ 臭鸡蛋□		
品尝	甜度： 干□ 半干□ 半甜□ 甜□					
	酸度： 低□ 中□ 高□					
	单宁： 低□ 中□ 高□					
	酒体： 轻□ 中□ 饱满□					
	味道特点：果香型□ 花香型□ 水果干□ 植物□ 香料□ 橡木□ 酵母□ 动物味□ 矿物质□					
	余味： 短□ 中□ 长□					
评价	你是否喜欢： 超喜欢□ 喜欢□ 还可以□ 不喜欢□					

酒名：			购买时间：		价格：	
外观	纯净□				浑浊□	
颜色	浅□ 中□ 深□		青柠檬色□ 柠檬黄色□ 金色□ 琥珀色□			
			粉色□ 三文鱼色□ 橙色□			
			紫红色□ 宝石红色□ 石榴红色□ 红茶色□			
闻香	干净□			有异味□		
	果香型□ 花香型□ 水果干□ 植物□ 香料□ 橡木□ 酵母□ 动物□ 矿物质□			酒塞感染□ 氧化□ 受热□ 臭鸡蛋□		
品尝	甜度： 干□ 半干□ 半甜□ 甜□					
	酸度： 低□ 中□ 高□					
	单宁： 低□ 中□ 高□					
	酒体： 轻□ 中□ 饱满□					
	味道特点：果香型□ 花香型□ 水果干□ 植物□ 香料□ 橡木□ 酵母□ 动物味□ 矿物质□					
	余味： 短□ 中□ 长□					
评价	你是否喜欢： 超喜欢□ 喜欢□ 还可以□ 不喜欢□					

酒名：		购买时间：		价格：
外观	纯净□		浑浊□	
颜色	浅□ 中□ 深□	青柠檬色□ 柠檬黄色□ 金色□ 琥珀色□ 粉色□ 三文鱼色□ 橙色□ 紫红色□ 宝石红色□ 石榴红色□ 红茶色□		
闻香	干净□		有异味□	
	果香型□ 花香型□ 水果干□ 植物□ 香料□ 橡木□ 酵母□ 动物□ 矿物质□	酒塞感染□ 氧化□ 受热□ 臭鸡蛋□		
品尝	甜度： 干□ 半干□ 半甜□ 甜□ 酸度： 低□ 中□ 高□ 单宁： 低□ 中□ 高□ 酒体： 轻□ 中□ 饱满□ 味道特点： 果香型□ 花香型□ 水果干□ 植物□ 香料□ 橡木□ 酵母□ 动物味□ 矿物质□ 余味： 短□ 中□ 长□			
评价	你是否喜欢： 超喜欢□ 喜欢□ 还可以□ 不喜欢□			

酒名：		购买时间：		价格：
外观	纯净□		浑浊□	
颜色	浅□ 中□ 深□	青柠檬色□ 柠檬黄色□ 金色□ 琥珀色□ 粉色□ 三文鱼色□ 橙色□ 紫红色□ 宝石红色□ 石榴红色□ 红茶色□		
闻香	干净□		有异味□	
	果香型□ 花香型□ 水果干□ 植物□ 香料□ 橡木□ 酵母□ 动物□ 矿物质□	酒塞感染□ 氧化□ 受热□ 臭鸡蛋□		
品尝	甜度： 干□ 半干□ 半甜□ 甜□ 酸度： 低□ 中□ 高□ 单宁： 低□ 中□ 高□ 酒体： 轻□ 中□ 饱满□ 味道特点： 果香型□ 花香型□ 水果干□ 植物□ 香料□ 橡木□ 酵母□ 动物味□ 矿物质□ 余味： 短□ 中□ 长□			
评价	你是否喜欢： 超喜欢□ 喜欢□ 还可以□ 不喜欢□